Omar MESSAOUDI

Curso de microbiologia industrial

Omar MESSAOUDI

Curso de microbiologia industrial

ScienciaScripts

Imprint

Cover image: www.ingimage.com

This book is a translation from the original published under ISBN 978-620-6-71452-1.

Publisher:
Sciencia Scripts
is a trademark of
Dodo Books Indian Ocean Ltd. and OmniScriptum S.R.L publishing group

120 High Road, East Finchley, London, N2 9ED, United Kingdom
Str. Armeneasca 28/1, office 1, Chisinau MD-2012, Republic of Moldova, Europe
Printed at: see last page
ISBN: 978-620-8-08590-2

Prefácio

Este livro sobre microbiologia industrial destina-se a estudantes de microbiologia, bioquímica e biotecnologia. Dividido em duas partes, tem por objetivo fornecer os conhecimentos fundamentais da microbiologia industrial. A primeira parte centra-se nos três principais actores da microbiologia industrial: microrganismos industriais, fermentadores industriais e meios de cultura industriais. A segunda parte aborda os diferentes produtos da fermentação industrial, como a biomassa microbiana, utilizada como fonte de proteínas de origem unicelular, e a produção industrial de metabolitos primários e secundários, nomeadamente aminoácidos, ácidos orgânicos, biogases, bem como antibióticos, polissacáridos e vitaminas. A abordagem pedagógica adoptada baseia-se numa linguagem simples e acessível, apoiada em exemplos, e é enriquecida por numerosas ilustrações sob a forma de esquemas simplificados, fotografias e quadros recapitulativos para tornar o conteúdo mais compreensível para os alunos.

Índice

Introdução .

A utilização de microrganismos para o bem-estar humano é uma prática muito antiga, que remonta a 7000 a.C., com os sumérios e os egípcios. Durante este período, os microrganismos eram utilizados empiricamente para conservar alimentos, preparar pão, fazer vinagre e bebidas alcoólicas e fabricar queijo **(Baltz et al, 2010).**

Na sequência da descoberta dos microrganismos e do conhecimento e experiência acumulados ao longo do tempo, surgiu um novo domínio, conhecido como microbiologia industrial. Trata-se de um ramo da microbiologia aplicada em que os microrganismos de interesse são explorados para fins comerciais, a fim de efetuar processos de biossíntese, biotransformação ou degradação em grande escala. Os microrganismos industriais podem ser utilizados para produzir biomassa rica em proteínas ou para produzir moléculas úteis para o homem, quer a partir do metabolismo primário, como os aminoácidos, os ácidos orgânicos e o biogás, quer a partir do metabolismo secundário, como os antibióticos e os polissacáridos. Podem também ser utilizadas para realizar certas reacções de biotransformação de moléculas orgânicas tóxicas, a fim de as tornar inofensivas **(Messaoudi et al, 2015; Harwood et al, 2018).**

Uma grande parte do sucesso da utilização de microrganismos na indústria está ligada à sua facilidade de cultivo, por um lado, e à sua elevada taxa de crescimento, por outro, o que reduz tanto os custos como o tempo de produção. Este facto permite ultrapassar muitos dos problemas encontrados, por exemplo, na utilização de plantas. As plantas utilizadas como fontes de moléculas de interesse comercial requerem um campo de cultivo muito grande, mais tempo, bem como condições climatológicas adequadas (precipitação, temperatura, humidade, etc.), o que aumenta o custo de produção **(Wilson et al 2019).**

Muitos microrganismos são utilizados na microbiologia industrial; estes incluem bactérias, archaea, leveduras, bolores e microalgas. Estes microrganismos podem ser utilizados no seu estado natural, como mutantes selecionados em laboratório, ou como organismos geneticamente modificados (OGM) **(Zhang et al, 2014).**

I. Os domínios de atividade da microbiologia industrial e os benefícios da utilização de microrganismos na indústria.

1. Introdução.

A indústria da fermentação é um termo genérico aplicado aos processos comerciais que se baseiam na capacidade dos microrganismos para produzir biomassa microbiana, moléculas úteis ou para catalisar uma reação de biotransformação em grande escala, na presença ou ausência de oxigénio. Assim, contrariamente ao seu significado bioquímico, o termo fermentação industrial não se refere especificamente ao metabolismo do microrganismo **(Humphrey et al, 1992).**

A fermentação de indutrientes tem lugar em fermentadores sob condições físico-químicas rigorosamente controladas, incluindo temperatura, pH, arejamento, diferentes fontes de carbono e azoto, etc. **(Walker et al, 2014).**

2. As vantagens da utilização de microrganismos na indústria.

A utilização de microrganismos na indústria proporciona uma vasta gama de serviços. Revelaram-se particularmente úteis para **(Demain et al. (2008) :**

 Fácil de cultivar;

 O seu tempo de geração muito curto ;

 A sua elevada taxa de crescimento ;

A sua capacidade de serem cultivadas em substratos baratos, frequentemente subprodutos de a indústria alimentar ;

A sua facilidade de manipulação genética.

3. Os objectivos da fermentação industrial .

Os principais objectivos da utilização de microrganismos na indústria são os seguintes

Recolher biomassa microbiana, como no caso da levedura de padeiro, *Saccharomyces cerevisiae* **(Ritala et al, 2017).**

Produzir metabolitos a partir do metabolismo microbiano primário ou secundário, tais como antibióticos, aminoácidos, ácidos orgânicos **(Keller et al, 2019).**

 Realização de reações de biotransformação, que consistem em transformar substâncias químicas complexas ou tóxicas em moléculas químicas simples ou menos tóxicas sob a ação de um microrganismo, como no caso do tratamento de águas residuais **(Huang et al, 2017).**

Podem ser procurados outros objectivos, dependendo do campo de aplicação dos microrganismos.

Na indústria alimentar, os benefícios da fermentação de um produto alimentar por

O objetivo dos microrganismos é melhorar a sua estabilidade, graças a dois mecanismos:

O consumo de substratos fermentáveis, geralmente açúcares como a lactose no leite, impede a sua utilização pós-fermentativa por bactérias de deterioração;

A produção de álcool ou de ácido orgânico durante a fermentação provoca uma pH mais baixo, o que limita a multiplicação de bactérias patogénicas.

A fermentação desempenha um papel fundamental na conservação do produto, mas também tem efeitos positivos na textura e no sabor dos produtos que produz.

4. Os domínios de atividade da microbiologia industrial .

A microbiologia industrial tem uma variedade de aplicações em diferentes domínios:

Indústria alimentar: Vários produtos alimentares são produzidos por fermentação industrial. Por exemplo, o iogurte é feito através da ação de duas bactérias, *Lactobacillus bulgaricus* e *Streptococcus thermophilus*. A bactéria do ácido lático *Lactococcus lactis* é utilizada para fazer vários tipos de queijo fresco, acidificando a lactose para formar ácido lático, facilitando assim a formação da coalhada. Os ácidos orgânicos, como o ácido cítrico, são também produzidos industrialmente por microrganismos como o fungo *Aspergillus niger*.

 Domínio farmacêutico: Os microrganismos, em particular *as Actinobactérias*, especialmente o género *Streptomyces*, são uma fonte importante de antibióticos, antifúngicos, agentes anticancerígenos e outros produtos farmacêuticos já existentes no mercado. De facto, cerca de 70% dos antibióticos utilizados no tratamento de infecções microbianas têm origem em bactérias do género *Streptomyces*.

A bioremediação e o campo da remediação ambiental: Os microrganismos podem ser utilizados para biotransformar poluentes tóxicos em processos de descontaminação conhecidos como biorremediação.

Domínio das energias renováveis: Os microrganismos desempenham um papel fundamental no domínio das energias renováveis. De facto, vários microrganismos estão envolvidos na conversão de resíduos orgânicos em biogás (metano) ou bioetanol, que são depois utilizados como combustíveis para substituir a energia fóssil.

Outras aplicações são descritas no **Quadro 1.**

Tabela 1. Alguns exemplos de aplicação de microrganismos na indústria

Microorganismos	**O produto da fermentação**	**A aplicação**
Saccharomyces cerevisiae	Etanol	Produtos químicos finos
Pseudomonas	2 Ácido ceto-glucónico	Um intermediário na produção de ácido ascórbico (vitamina C); um precursor na síntese da vitamina C. ácido isoascórbico.
Aspergillus niger	Pectinase, protease	Clarificação de sumos de fruta
Bacillus subtilis	Amilase	Preparação de amido modificado ; Utilizar durante a colagem papel.
Bacillus subtilis	Protease	Hidrólise das proteínas
Micrococcus glutamicus	Lisina	Aditivo alimentar
Leuconostoc mesenteroides	Dextrano	Estabilizador de alimentos
Gluconobacter suboxydans	Sorbose	Produção de ácido ascórbico
Streptomyces olivaceus	Cobalamina (Vitamina B12)	Suplementos alimentares
E. coli recombinante	Insulina	Medicina humana
Streptococcusthermophilus , *Lactobacillus bulgaricus*	Iogurte	Arrancador na indústria dos lacticínios
Candida utilis *Fusarium* graminearum	Proteínas de origem unicelular (P.O.U.)	Alimentação humana e animal
Cephalosporium acremonium *Saccharopolyspora erythrea*	*Cefalosporina* *Eritromicina*	Antibióticos para o tratamento de infecções

II. Microrganismos industriais: isolamento, seleção e melhoramento de estirpes.

1. Introdução.

Os microrganismos são amplamente utilizados na indústria para produzir aplicações úteis para os seres humanos. Revelaram-se particularmente úteis devido à facilidade da sua cultura, à rapidez do seu crescimento, à sua capacidade de utilizar substratos baratos (que, em muitos casos, são resíduos da indústria alimentar) e à sua capacidade de se submeterem facilmente a manipulações genéticas **(Becker et al., 2017).** Os microrganismos utilizados na indústria são geralmente :

Bactérias: Várias bactérias podem ser utilizadas industrialmente, como os actinomicetos do género *Streptomyces*, que por si só fornecem 70% dos antibióticos utilizados **(Al Farraj et al., 2020).** As bactérias do ácido lático, como o *Lactobacillus bulgaricus* e o *Streptococcus thermophilus*, são utilizadas no fabrico de iogurte **(Yamauchi et al., 2019),** enquanto as espécies *Corynebacterium glutamicum* e *Propionibacterium shermanii* se caracterizam pela sua capacidade de segregar ácido glutâmico e vitamina B12, respetivamente (**Zhang et al, 2020).**

 Fungos: A espécie *Saccharomyces cerevisiae* é a levedura mais utilizada no campo industrial, principalmente para a produção de proteínas, proteínas recombinantes e vários biofármacos **(Gervasi et al., 2018).** Enquanto *Aspergillus niger* é um bolor utilizado para a produção industrial de ácido cítrico **(Steiger et al., 2019).**

Microalgas: São microrganismos fotossintéticos, que podem ser eucarióticos ou procarióticos, unicelulares ou multicelulares. As cianobactérias do género Arthrospira são utilizadas como suplementos alimentares para combater a desnutrição sob a forma de espirulina dietética (Spirulina) (**De La Jara et al, 2018**).

2. A estratégia seguida na procura de novas estirpes microbianas industriais.

2.1 Isolamento de estirpes.

Durante esta fase, o objetivo é isolar os microrganismos que estão diretamente relacionados com o objetivo desejado. Para o efeito, os microrganismos-alvo são isolados do seu nicho ecológico. As amostras recolhidas são depois inoculadas num meio de cultura seletivo adequado para isolar o germe desejado. A etapa seguinte consiste em purificar as diferentes colónias obtidas, a fim de obter culturas puras **(Becker et al, 2017).**

2.2. Identificação molecular das estirpes.

As estirpes isoladas são então submetidas a uma identificação molecular para determinar a sua posição taxonómica. Esta identificação é efectuada através da sequenciação dos genes 16S rDNA, ITS ou outros, em função da natureza do microrganismo, quer se trate de bactérias ou de fungos.

(Salam et al, 2020).

2.3. Seleção de microrganismos industriais

Após o isolamento e a identificação, os microrganismos obtidos são submetidos a uma seleção de acordo com a sua aptidão biológica e tecnológica **(Zhou et al, 2017; Min et al, 2017; Becheur et al, 2024; Paul et al, 2019).** Os critérios de seleção podem ser divididos em dois tipos:

Critérios gerais:

Capacidade de produzir a molécula de interesse ou biomassa num curto período de tempo.

Não patogénico e não deve produzir metabolitos indesejáveis, tais como toxinas.

Facilidade de manipulação genética.

Capacidade de crescer em substratos baratos, como resíduos da indústria
indústria alimentar.

Não há requisitos específicos para factores de crescimento, incluindo vitaminas e aminoácidos.

Conservam a sua estabilidade genética, nomeadamente após congelação ou liofilização.

Capaz de resistir a vários processos tecnológicos...

 Resistência a bacteriófagos: Principalmente ligada à presença de enzimas de restrição em estirpes bacterianas industriais...

Critérios específicos :

Estes critérios estão geralmente ligados à aplicação dos microrganismos. Por exemplo, os fermentos lácticos são selecionados com base nas suas propriedades acidificantes e aromatizantes, bem como na sua capacidade de produzir bacteriocinas.

3. Melhoramento de estirpes selecionadas.

Uma vez selecionada a estirpe de acordo com critérios gerais e específicos, os microrganismos industriais nunca são utilizados no seu estado natural e, por conseguinte, são submetidos a um melhoramento genético, cujo principal objetivo é **(Min et al, 2017):**

a) Aumentar o rendimento da concentração do produto ou da biomassa desejada.

b) Reduzir a produção de metabolitos indesejáveis.

São utilizados dois métodos para melhorar as estirpes selecionadas: mutagénese aleatória e baralhamento do ADN. **(Johansen et al, 2017).**

3.1 Mutagénese aleatória.

A mutagénese aleatória é uma técnica utilizada para induzir mutações no genoma de um microrganismo de forma aleatória. Estas mutações podem levar a alterações nas caraterísticas dos microrganismos. A mutagénese aleatória pode ser conseguida utilizando mutagénicos químicos, como o etilmetanossulfonato (EMS) ou a nitrosoguanidina (NTG), que modificam as bases do ADN e provocam erros de replicação, ou através da exposição a radiações, como os raios UV ou X, que provocam quebras no ADN. Os transposões, elementos genéticos móveis, podem também ser utilizados para inserir mutações no genoma. Por último, podem ser inoculados nucleótidos incorrectos durante a síntese de ADN in vitro por PCR **(Yang et al, 2018).**

Para este último método, podem ser introduzidas várias mutações através da realização de vários ciclos de PCR no mesmo gene, utilizando uma polimerase com uma elevada taxa de erro e sem atividade de exonuclease de correção de erros: este é o método de PCR propenso a erros **(Figura 1).** No entanto, o número de mutações obtidas permanece baixo (cerca de 1 a 2 mutações por 1000 pares de bases de ADN, no máximo) **(Shao et al., 2017).**

No entanto, esta taxa de mutação pode ser melhorada e modulada através da modificação das condições de reação da PCR em comparação com as da PCR convencional **(Ye et al., 2020):**

- Utilização de Mn^{2+} em vez de Mg^{2+} como cofator.
- Utilização de baixas concentrações de dNTPs.
- Utilização de análogos de dNTP.
- Utilização de co-solventes orgânicos (por exemplo, isopropanol) para reduzir a fidelidade da polimerase.

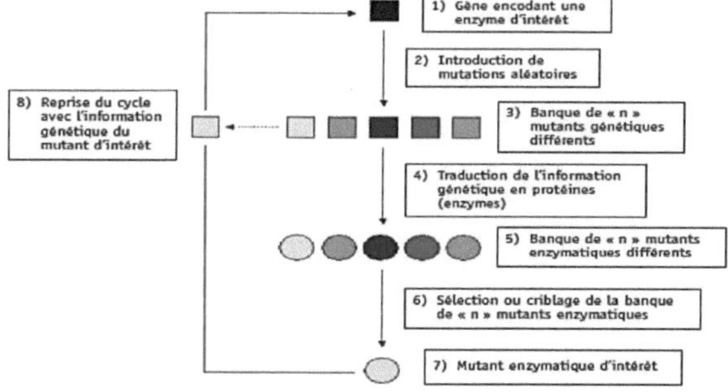

Figura 1. As etapas envolvidas na mutagénese aleatória.

3.2 Fertilização cruzada .

A baralhação do ADN refere-se a recombinações genéticas que ocorrem através da utilização de uma série de genes homólogos da mesma família ou do mesmo gene com mutações diferentes. O ponto de partida é a mistura de sequências homólogas. Os genes são então cortados de forma não específica e aleatória por uma DNase I **(Yang et al, 2017)**. Os fragmentos resultantes, com 50 a 100 pb de comprimento, hibridizam-se emfunção da sua homologia de sequência, após o que são efectuados vários ciclos de PCR sem iniciadores **(Figura 2)**. O resultado é uma biblioteca de genes híbridos, que serão transformados em células hospedeiras para procurar as propriedades únicas desejadas da estirpe melhorada **(Brindha et al, 2020)**./

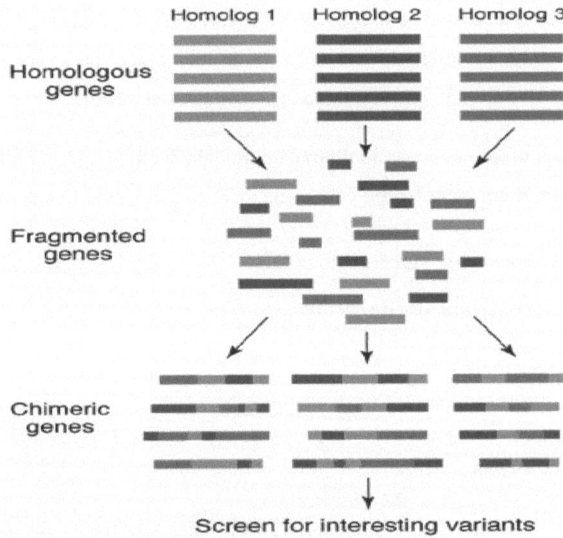

Figura 2. O método de cruzamento genético.

3.3 Clonagem de genes mutantes ou quiméricos em vectores plasmídicos .

A maioria dos processos de mutagénese ou recombinação in vitro segue um padrão básico semelhante: o gene de interesse é primeiro mutagenizado ou recombinado in v i t r o e as cópias obtidas são depois introduzidas em plasmídeos que transportam um gene de resistência a antibióticos. Estes plasmídeos são então introduzidos por transformação em organismos hospedeiros (normalmente bactérias), de modo a que, em média, um organismo receba apenas uma cópia. As bactérias transformadas são selecionadas através da adição de um antibiótico ao meio de cultura, que elimina todas as bactérias não transformadas **(Figura 3) (Chang et al., 2017; Asif et al., 2017).**

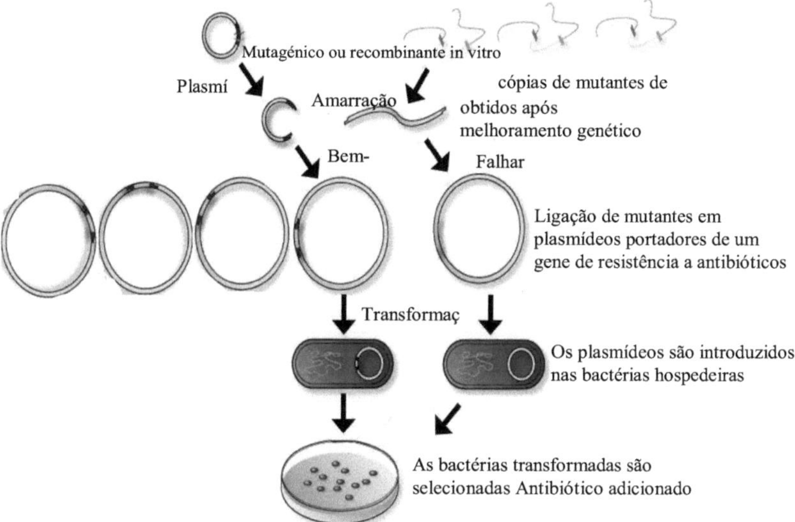

Figura 3. Etapas do melhoramento genético de estirpes industriais **(Chang et al, 2017)**.

A mutagénese aleatória ou a recombinação genética resulta numa população heterogénea portadora de diferentes tipos de genes modificados. Cada clone deve ser testado para identificar as modificações de interesse. Há duas formas de o fazer:

- Se a atividade desejada for essencial para a sobrevivência da célula transformada, é geralmente fácil identificar as modificações benéficas através da seleção da sobrevivência celular. Por exemplo, se uma enzima é necessária para a degradação de um substrato específico no meio de cultura, apenas as células com modificações favoráveis no gene que codifica essa enzima serão capazes de sobreviver e crescer nesse meio **(Jang et al, 2013).**
- Quando a seleção por sobrevivência celular não pode ser aplicada para testar toda a biblioteca de mutantes, o experimentador deve recorrer a uma técnica alternativa, a triagem. Nesta abordagem, todos os mutantes enzimáticos da biblioteca devem ser testados individualmente para identificar aqueles que satisfazem os requisitos específicos que estão a ser procurados. Tradicionalmente, para realizar uma triagem, cria-se uma biblioteca de 10^2 a

107 mutantes em células, organiza-os individualmente em placas com vários poços e testa-os um a um para uma atividade ou propriedade desejada. Em termos práticos, é possível acompanhar a evolução de um reagente por coloração ou pelo aparecimento de fluorescência, avaliar as alterações de pH em função de um indicador adicionado ao meio de reação, controlar a turvação da solução ou ainda medir as alterações de temperatura que acompanham a reação de interesse para o experimentador **(Bergmans et al, 1981).**

4. Viabilidade .

As estirpes pré-selecionadas, identificadas e depois melhoradas, devem ser propagadas com vista à sua comercialização. Os microrganismos industriais devem ser produzidos em grande escala. Para tal, as estirpes são primeiro produzidas numa fase piloto e analisadas em cada fase do processo de fabrico (contagem, viabilidade, etc.) para avaliar a sua resistência ao processo tecnológico. Isto permite determinar os parâmetros de fermentação ou os tratamentos da biomassa mais adaptados à sobrevivência dos microrganismos industriais. **(Diethard et al, 2017; Kriger et al, 2018).**

Uma vez confirmada a viabilidade industrial, é criada uma estirpe. As células são cultivadas em fermentadores de 2 litros, depois distribuídas em criotubos de um mililitro, aos quais é adicionado um crioprotector, e mantidas congeladas a -80°C em azoto líquido **(Kriger et al, 2018).**

III. Ambientes industriais de cultivo.

1. Introdução.

Os meios de cultura industriais devem satisfazer as necessidades nutricionais dos microrganismos para permitir um crescimento ótimo da biomassa celular e, ao mesmo tempo, fornecer os nutrientes necessários para a biossíntese dos metabolitos alvo **(Okafor et al, 2020).**

A fermentação industrial é mais frequentemente efectuada num meio de cultura líquido, embora algumas fermentações sejam efectuadas em meios de cultura sólidos **(Demain e 1981).**

2. Factores que determinam a escolha do meio de cultura .

Os principais factores que afectam a escolha dos meios de cultura industriais são os seguintes **(El-Mansi et al, 2018):**

Substrato barato.

Qualidade físico-química consistente, mesmo após a esterilização.

Disponível durante todo o ano.

Baixos custos de transporte e armazenamento, especialmente no que diz respeito à temperatura.

Fácil de manusear na forma sólida ou líquida.

Fácil de esterilizar.

Viscosidade que não interfira com a agitação ou arejamento do meio de cultura industrial durante o processo de fermentação.

3. A composição do meio de cultura industrial .

A composição do meio de cultura deve incluir uma fonte de carbono, que é frequentemente a fonte de energia, bem como uma fonte de azoto, fósforo e enxofre. Os oligoelementos também devem estar presentes no meio de cultura industrial. Certos microrganismos exigentes requerem a presença de certos factores de crescimento, como certas vitaminas ou aminoácidos **(Waites et al, 2009).**

3.1. Fontes de carbono.

A quantidade e a qualidade da fonte de carbono utilizada como ingrediente no meio de cultura industrial podem ser determinadas a partir do coeficiente de rendimento da biomassa (Ycarbon), que é o rácio entre a quantidade de biomassa produzida e a quantidade de substrato de carbono consumido (g biomassa / g substrato) **(Waites et al, 2009).**

$$Y_{carbon}(g/g) = \frac{\text{biomass produced (g)}}{\text{carbon substrate utilized (g)}}$$

Por razões de custo, as fontes de carbono puro, como os hidratos de carbono como a glucose ou a sacarose, são raramente utilizadas na fermentação à escala industrial. Em vez disso, podem ser utilizadas outras fontes de carbono mais baratas:

Melaço: É um subproduto resultante da refinação do açúcar extraído da beterraba sacarina ou da cana-de-açúcar. É um xarope viscoso de cor escura que contém 50-60% (m/v) de hidratos de carbono, principalmente sacarose, bem como 2% (m/v) de substratos azotados, para além de algumas vitaminas e sais minerais **(Koval et al, 2019).**

 Extrato de malte: Os extractos aquosos de cevada maltada podem ser concentrados para formar um xarope muito rico em açúcares simples e dissacáridos, bem como em certas vitaminas, péptidos e aminoácidos. Estes substratos podem ser utilizados para o crescimento de fungos filamentosos, leveduras e actinomicetas **(Cvetković et al, 2002).**

Amido e dextrina: O amido é mais frequentemente obtido a partir do milho, mas também pode ser obtido a partir de outros cereais. Para ser utilizado como fonte de carbono e energia, o amido é primeiro submetido a hidrólise em xarope de açúcar, contendo principalmente glucose e dextrina, por ácidos diluídos ou enzimas amilolíticas **(Laluce et al, 1988).**

Soro de leite: Também chamado de soro de leite, é o resultado da coagulação do leite. A composição do soro de leite varia de acordo com o método pelo qual foi obtido. De facto, o soro obtido por coalho é muito rico em proteínas do soro, bem como em lactose, enquanto o soro obtido por fermentação láctica do leite é rico em proteínas do soro e cálcio **(Pescuma et al, 2015).**

3.2. Fonte de azoto.

A maioria dos microrganismos industriais pode utilizar fontes de azoto, tanto na forma orgânica como inorgânica. A quantidade e a qualidade da fonte de azoto utilizada podem ser determinadas a partir do coeficiente de rendimento da biomassa (Y_{azote}).

-+As fontes de azoto inorgânico podem ser fornecidas como sais de amónio, como o sulfato de amónio ($SO_4 NH_4$) e o fosfato de diamónio ($(NH_4)_2HPO_4$), enquanto as fontes de azoto orgânico incluem aminoácidos, proteínas e ureia **(Kampen et al, 2014).**

A fonte de azoto orgânico é frequentemente fornecida em bruto, consistindo essencialmente em subprodutos da indústria agroalimentar, como o licor de milho, os extractos de levedura, as peptonas e a farinha de soja. Os aminoácidos puros só são utilizados em certos casos específicos **(Waites et al, 2009)**.

3.3. Sais minerais .

Os sais minerais como o cobalto, o cobre, o ferro, o manganês, o molibdénio e o zinco estão presentes em quantidades suficientes na água e nos outros ingredientes do meio de cultura industrial. Por exemplo, o licor de milho contém uma quantidade satisfatória de sais minerais para satisfazer os requisitos de fermentação **(Zhou et al, 2006).**

3.4. Vitaminas e factores de crescimento .

Muitos microrganismos industriais podem sintetizar todos os factores de crescimento, incluindo vitaminas, aminoácidos e ácidos gordos, a partir de nutrientes básicos. Por outro lado, outros microrganismos exigentes ou auxotróficos requerem a adição de certos tipos de factores de crescimento ao meio de cultura industrial **(Chang 1999).**

3.5. Entrada de O_2 .

Dependendo do tipo de microrganismo respiratório, o oxigénio é injetado diretamente no fermentador sob a forma de ar contendo aproximadamente 21% (v/v) de oxigénio. No entanto, noutros casos, o oxigénio pode ser fornecido em estado puro quando as necessidades do microrganismo são particularmente elevadas. Em todos os casos, o oxigénio injetado no fermentador deve ser esterilizado por filtração **(Waites et al, 2009).**

3.6. A adição de antiespumantes.

Os antiespumantes são necessários para reduzir a formação de espuma durante a fermentação, que se deve principalmente às proteínas do meio de cultura. Se a espuma não for controlada, pode bloquear os filtros de ar, resultando na perda de assepsia. Existem três abordagens para controlar a formação de espuma: (i) modificação da composição do meio de cultura; (ii) utilização de antiespumantes mecânicos; (iii) adição de antiespumantes químicos, que são moléculas activas de superfície, tais como óleos vegetais (óleo de soja, óleo de girassol e óleo de colza) ou óleo de peixe **(Pelton et al, 2002).**

IV. Fermentadores ou bioreactores industriais.

1. Introdução .

Um biorreactor, também conhecido como fermentador ou propagador, é um dispositivo no qual os microrganismos são multiplicados para a produção de biomassa, a produção de um metabolito ou a bioconversão de uma molécula alvo **(Erickson, 2019).**

Um bioreactor é constituído por **(Figura 4):**

Câmara de cultura, em vidro ou em aço inoxidável, com um volume variável que vai de alguns litros até vários metros cúbicos no caso das unidades industriais, este tanque é hermeticamente fechado.

Sistema de agitação utilizado para proporcionar agitação e arejamento da cultura, constituído por um motor externo e uma ou mais turbinas internas (consoante o tamanho do fermentador).

Uma seringa para injetar meio de cultura ou nutrientes.

Sondas para verificar a temperatura (termómetro), o pH (medidor de pH) e a concentração de oxigénio dissolvido (sonda de oxímetro).

Uma unidade de controlo gerida por computador para registar e controlar todos os parâmetros operacionais.

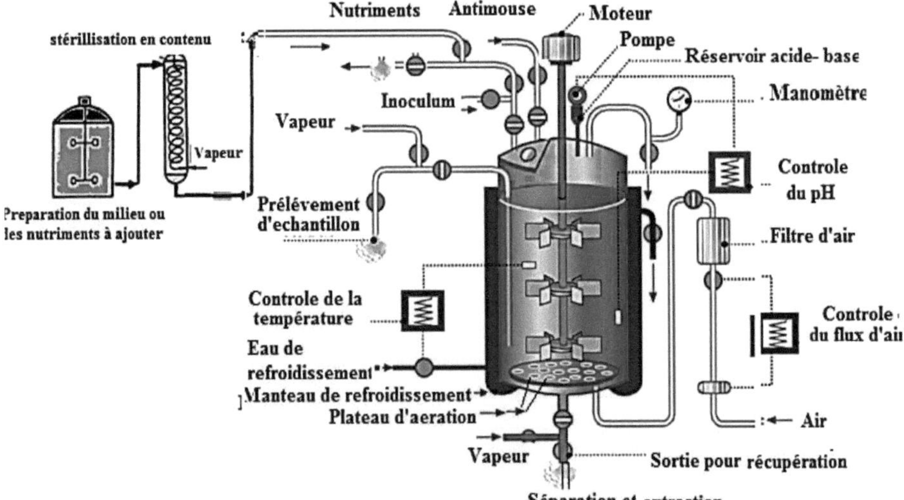

Figura 4: Diagrama de um fermentador industrial.

Os bioreactores são classificados de acordo com o seu volume máximo:

Biorreactores de laboratório esterilizáveis de 18 L de volume.

Biorreactores de laboratório esterilizáveis *in situ* até 30 L ;

- bioreactores-piloto até 300 L ;
- ^{3}Bioreactores industriais até 500 000 L (500 m).

2. Tipos de fermentadores.

Existem três tipos de fermentadores:

2.1. Modo de lote .

Neste tipo de fermentador, o sistema é fechado e mantém um volume constante. O tanque é preenchido com um meio de cultura estéril e depois inoculado com a estirpe industrial. A fermentação ocorre sob agitação e, durante toda a fermentação, o volume da cultura permanece constante sem qualquer introdução adicional de meio de cultura **(Figura 5)**. No entanto, podem ser adicionados reagentes neutralizantes ou produtos anti-espuma **(Carmaux, 2008)**.

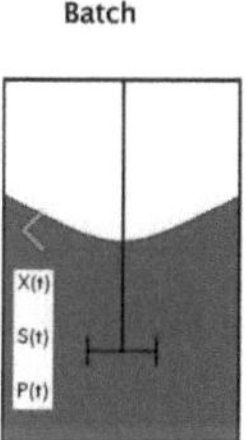

Figura 5: Fermentador descontínuo (**Carmaux, 2008**).

A concentração de biomassa aumenta de acordo com a curva de crescimento microbiano **(Figura 6)**. Ao mesmo tempo, o substrato é consumido pelo microrganismo e a concentração dos produtos desejados (P) aumenta. No final da cultura, o fermentador é esvaziado e o produto desejado é extraído **(Oosterhuis et al, 2011)**.

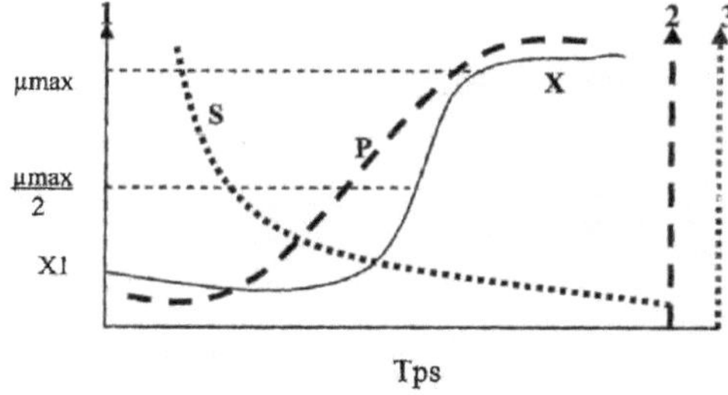

Figura 6. Evolução da taxa de crescimento das células microbianas (X) em comparação com a taxa de crescimento das células microbianas (B).

utilização de substratos (S) e produção de metabolitos (P) durante a fermentação.

(Oosterhuis et al, 2011).

As vantagens da fermentação descontínua.

- O produto desejado pode ser recolhido em qualquer altura.
- O risco de contaminação das culturas é baixo.

As desvantagens da fermentação descontínua.

O tempo de latência é muito longo.

A duração da fase exponencial é muito curta, pelo que a biomassa e o produto final são produzidos em pequenas quantidades, o que limita o rendimento.

2.2. Fed Batch (fermentador descontínuo e alimentado).

Neste tipo de fermentador, com o objetivo de reduzir a duração da fase lag e prolongar a fase de crescimento exponencial, a cultura inicia-se com a utilização de um pequeno volume de meio de cultura denominado pé da cuba, inoculado com um inóculo microbiano. Quando o microrganismo atinge a fase de crescimento exponencial, é introduzido n o tanque um meio de cultura esterilizado. A taxa de alimentação é ajustada para manter uma concentração constante de substrato ntanque, sem inibir a produção de biomassa **(Figura 7).** A fermentação é interrompida assim que o tanque estiver cheio de meio de cultura. É importante notar que o risco de contaminação neste tipo de fermentador é maior **(Evgenios et al, 2020).**

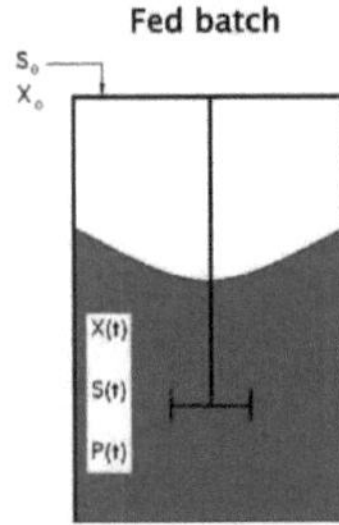

Figura 7. Fermentador em batelada alimentado **(Evgenios et al, 2020).**

2.3. Fermentador em modo de alimentação contínua.

Neste tipo de fermentador, a fase exponencial do crescimento microbiano é mantida em permanência através da adição regular de novo meio de cultura a um caudal constante. Isto repõe os nutrientes e mantém o pH. Ao mesmo tempo, uma quantidade equivalente de meio de cultura deve ser removida, o que evita a acumulação de resíduos **(Figura 8) (Sarkar et al, 2003).**

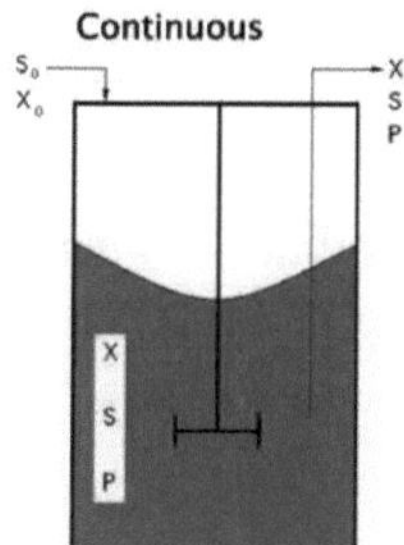

Figura 8. Fermentador contínuo **(Evgenios et al, 2020).**

O turbidostato é um fermentador de alimentação contínua **(Figura 9)**. Graças ao controlo turbidimétrico, a concentração do meio de cultura é mantida constante:

Se a carga microbiana tende a aumentar demasiado, é adicionado meio fresco para diluir e trazer a turvação microbiana de volta ao seu valor inicial.

Se a carga microbiana diminuir, o fornecimento de meio novo é reduzido até que o voltar ao seu valor inicial.

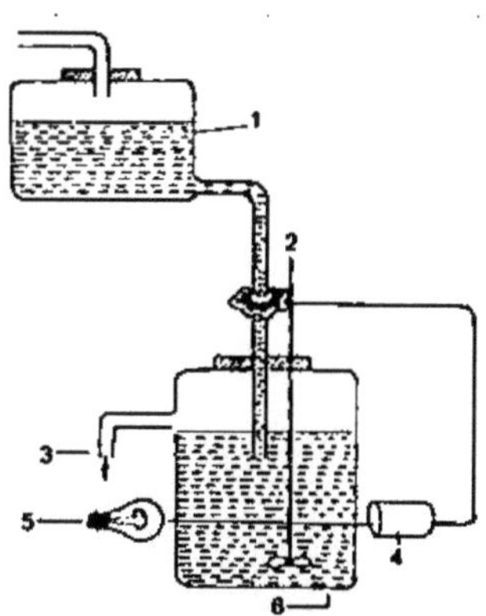

Figura 9. Um biorreactor contínuo de turbidostato **(Lee et al, 2011).**

1: Reservatório de meio estéril, **2:** Válvula de controlo do fluxo de meio fresco, **3**: Saída de meio de cultura, **4:**

Célula fotoeléctrica; **5:** Fonte de luz; 6: Tanque de fermentação.

3. **Processo de escalonamento (ou extrapolação):** ***aumentar a escala.***

Qualquer que seja o domínio da microbiologia industrial, a transição dos frascos Erlenmeyer de laboratório para os bioreactores industriais continua a ser um desafio. É por isso que o processo de aumento de escala é crucial. Este processo envolve a transferência da cultura microbiana, preparada em frascos Erlenmeyer de laboratório, para biorreactores de laboratório de pequeno volume, depois para biorreactores piloto e, finalmente, para fermentadores industriais (Figura 10). Para garantir o sucesso do aumento de escala, os vários parâmetros físico-químicos são analisados e depois modificados durante cada fase do aumento de escala. As reacções físico-químicas e enzimáticas das células microbianas, que ocorrem no interior do biorreactor, variam em função do volume do reator utilizado. O objetivo é obter o mesmo rendimento apesar do aumento do volume da cultura **(Levin, 2001;**

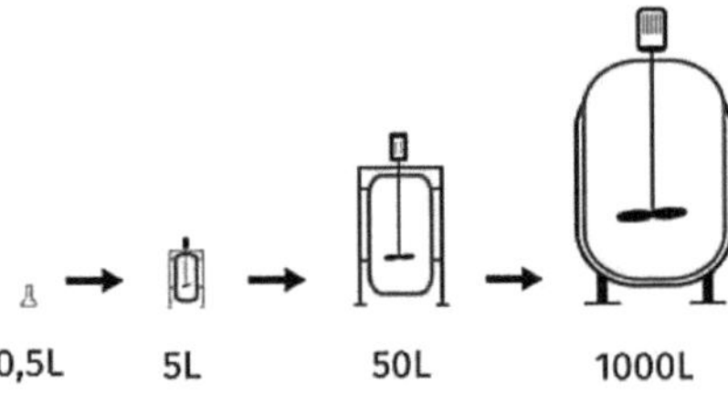

Schmidt et al, 2005; Xing et al, 2009).

Figura 10. Processo de aumento de escala **(Levin, 2001).**

V. Os produtos da fermentação industrial.

V.1. Proteínas de origem unicelular (P.O.U).

1. Definição.

As proteínas unicelulares (SCP) são qualquer biomassa microbiana rica em proteínas destinada ao consumo humano ou animal. As SCP não são proteínas puras, mas também contêm hidratos de carbono, lípidos, ácidos nucleicos, minerais e vitaminas **(Nasseri et al, 2011).**

2. A razão da necessidade mundial de proteínas de origem unicelular.

As fontes convencionais de proteínas são essencialmente de origem animal, representadas principalmente por carnes de vários tipos. No entanto, devido ao seu elevado preço, a dieta de muitos países sofre de um grave défice de proteína animal, sendo a procura de novos recursos proteicos uma das preocupações destes países. Assim, a principal razão para a utilização de P.O.U. na alimentação humana é superar a subnutrição nesses países, satisfazendo assim as suas necessidades proteicas. Nos países onde não existem problemas graves de subnutrição, a utilização de

A utilização de P.O.U. para consumo humano é muito limitada, sendo mais utilizada para a alimentação animal.

(Ravindra et al, 2000).

3. Os microrganismos utilizados para produzir P.O.U.

Geralmente, são utilizados quatro tipos de microrganismos: microalgas, bactérias, leveduras e fungos filamentosos **(Gervasi et al, 2018):**

Saccharomyces cerevisiae: utilizado principalmente como aditivo alimentar.

Candida utilis: após inativação por aquecimento, é utilizada como alimento nutritivo, rico em proteínas e aminoácidos livres, e tem um leve sabor a carne.

Fusarium venenatum: utilizado para a produção de Quorn, um substituto da carne à base de micoproteínas, com um sabor que se assemelha à carne de frango **(Reihani et al, 2019).**

 As cianobactérias podem ser utilizadas como suplementos alimentares, é o caso, por exemplo, da spirulina, produzida principalmente a partir das espécies *Arthrospira platensis* ou *Arthrospira maxima*, é rica em proteínas (60% de proteína) e vitaminas, bem como sais minerais e oligoelementos (Avila-Leon, **et al, 2012).**

4. Critérios para a escolha de um microrganismo para a produção de P.O.U.

Antes de ser utilizado como fonte de P.O.U., o microrganismo deve satisfazer certos critérios, de facto, deve ser **(Nangul et al, 2021):**

Não patogénico

Alto teor de proteínas.

 Taxa de crescimento elevada ;

Facilidade de colheita ;

Boa resistência a variações nas condições de produção.

5. Produção industrial de P.O.U.

** Condições de cultivo.**

A relação ideal entre as diferentes fontes de carbono, azoto e fósforo utilizadas na composição do meio de cultura para a produção de P.O.U. deve ser de 100/5/1. Atemperatura de incubação situa-se geralmente entre 30 e 35°C, consoante o microrganismo, enquanto o pH deve ser mantido entre 4,0 e 5,5. Um parâmetro crítico é a concentração de oxigénio dissolvido. Para as fermentações aeróbias, o meio deve estar 40% saturado de oxigénio **(Waites et al, 2009).**

Fermentação e purificação de P.O.U.

Após a esterilização do meio de cultura, a biomassa é produzida num fermentador. As U.O.P. são depois recuperadas por centrifugações múltiplas, armazenadas em barris ou secas para obter um pó sem células vivas **(Ghanem, 1992).**

6. Vantagens e desvantagens da POU.

A utilização de microrganismos como fonte de proteínas unicelulares tem certas vantagens em relação às fontes de proteínas de origem animal ou vegetal **(Nasseri et al, 2011)**:

Rápida taxa de crescimento, em comparação com o gado.

Alto teor de proteínas (30-80% do peso seco);

A capacidade de utilizar uma vasta gama de substratos baratos (económicos), incluindo resíduos orgânicos, para o seu crescimento.

Requer pouco espaço e pouca água, em comparação com a criação de gado.

Resolve um problema ambiental.

A produção de P.O.U. é independente das variações climáticas.

Algumas desvantagens que podem acompanhar a utilização da U.O.P. como fonte de proteínas **(Fabregas e Herrero, 1985):**

Podem produzir toxinas ou outros metabolitos nocivos.

O teor de ácido nucleico dos POU limita a sua utilização na alimentação humana. De facto, um consumo elevado de ácidos nucleicos aumenta a concentração de ácido úrico no plasma sanguíneo. Existe então um risco de precipitação de ureia nos tecidos e articulações, levando a sintomas semelhantes aos da gota.

V.2. Metabolitos obtidos por fermentação .

V.2.1. Aminoácidos.

1. Introdução.

Muitos microrganismos podem sintetizar aminoácidos a partir de compostos azotados inorgânicos utilizando processos de fermentação industrial. Estes aminoácidos são principalmente utilizados como suplementos alimentares ou rações. No entanto, vários aminoácidos são utilizados como ingredientes em produtos farmacêuticos e cosméticos e na indústria química para o fabrico de polímeros, por exemplo o ácido glutâmico, a lisina e o triptofano **(Demain et al, 2008).**

No resto do curso, discutiremos o exemplo da produção industrial d e ácido.
ácido glutâmico.

2. Exemplo de fabrico industrial de ácido glutâmico .

O ácido glutâmico é um aminoácido não essencial, produzido industrialmente sob a forma de glutamato monossódico (MSG, E621). Esta molécula é utilizada principalmente como aditivo alimentar para realçar o sabor de muitos produtos alimentares, uma vez que é responsável pelo sabor umami **(Ikeda, 2003).**

2.1. As principais estirpes microbianas utilizadas.

As bactérias produtoras de ácido glutâmico incluem espécies que pertencem ao filo *Actinobacteria*, incluindo *Arthrobacter, Brevibacterium, Corynebacterium, Microbacterium e Micrococcus.* São bactérias Gram-positivas, imóveis, aeróbias estritas, auxotróficas para biotina (**Tatsumi, 2012**).

As estirpes industriais utilizadas para a produção de ácido glutâmico são mutantes das espécies *Corynebacterium glutamicum, Corynebacterium callunae*, *Brevibacterium flavum* e *Brevibacterium lactofermentum.* Para ultrapassar as limitações encontradas durante a produção industrial de ácido glutâmico, são seguidas várias etapas **(Hermann et al, 2003; Ikeda, 2013):**

Modificação genética de estirpes industriais com o objetivo principal de bloquear as vias metabólicas que conduzem à biossíntese de subprodutos indesejáveis.
 A inibição do mecanismo regulador da produção de ácido glutâmico por retro-inibição, de facto, em estirpes selvagens de *Corynebacterium glutamicum,* quando o produto final se

acumula e atinge uma concentração final desejável, a produção citoplasmática de ácido glutâmico é inibida pelo mecanismo de retro-inibição,

 Diminuição da atividade do complexo enzimático, a-cetoglutarato desidrogenase, também chamado, complexo oxoglutarato desidrogenase (OGDC), que são enzimas do ciclo de Krebs, catalisam a reação de conversão do a-cetoglutarato em succinil-CoA **(Figura 11)**.

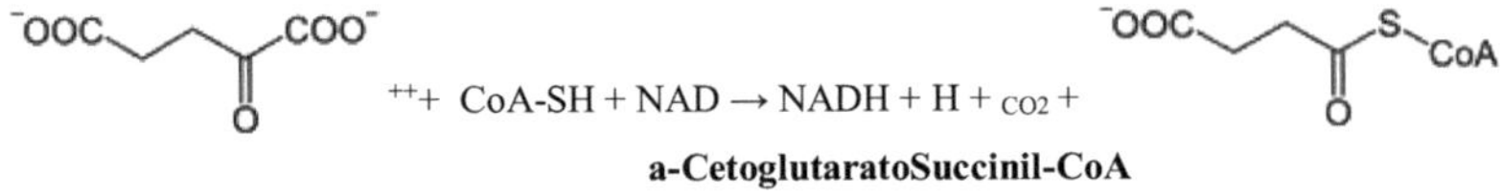

^{-}OOC ... COO^{-} (O) $^{++}$+ CoA-SH + NAD → NADH + H + CO_2 + ^{-}OOC ... S–CoA (O)

a-CetoglutaratoSuccinil-CoA

Figura 11. Reação de conversão do a-cetoglutarato em succinil-CoA **(Ikeda, 2013).**

A produção de ácido glutâmico é catalisada pela enzima glutamato desidrogenase **(Figura 12),** que utiliza como substrato o oxoglutarato (a-cetoglutarato), um intermediário do ciclo de Krebs **(Ertan, 1992).**

$$\text{Oxoglutaric acid} + NH_4^+ + NAD(P)H + H^+ \xrightarrow{\textit{Glutamatedehydrogenase}} \text{L-glutamic acid} + NAD(P)^+ + H_2O$$

Figura 12. Reação de formação do ácido L-glutâmico **(Ertan, 1992).**

A fim de orientar o metabolismo das estirpes mutantes para uma produção excessiva de ácido glutâmico, a atividade da enzima oxoglutarato desidrogenase (OGDC) **(Figura 13)** diminui em condições de limitação de biotina, permitindo uma acumulação de a-cetoglutarato e, consequentemente, conduzindo a uma melhoria do rendimento da produção de ácido glutâmico. É importante notar que a concentração óptima de biotina para a produção de glutamato se situa entre 2 e 5 µg/L **(Schultz et al, 2007).**

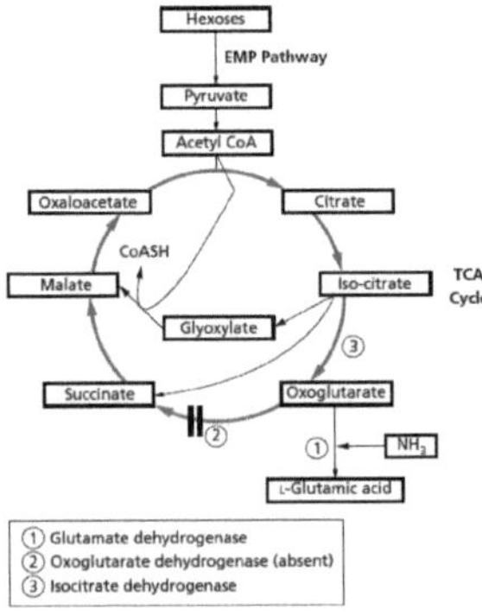

Figura 13. Biossíntese do ácido l-glutâmico por estirpes mutantes de *Corynebacterium glutamicum* **(Sonenshein, 2021).**

2.2. Os principais tratamentos utilizados para promover a s e c r e ç ã o ácida são ácido glutâmico.

Uma vez que a biossíntese do ácido glutâmico é citoplasmática e que as estirpes mutantes não segregam glutamato, são utilizados vários tratamentos para tornar as células mais permeáveis e facilitar a libertação do aminoácido para o ambiente exterior. Estes tratamentos incluem:

□ A limitação de biotina durante a fermentação glutâmica é responsável pela diminuição dos níveis de fosfolípidos membranares, o que tem como efeito o aumento do rácio ácidos gordos saturados/ácidos gordos insaturados, responsável pela excreção de glutamato **(Gutmann, 1992).**

A adição de penicilina parece ser utilizada na produção industrial de ácido glutâmico. De facto, a penicilina inibe a biossíntese de peptidoglicano nas estirpes produtoras, resultando num aumento do tamanho das células e, ao mesmo tempo, numa melhoria do rendimento da produção de glutamato **(Kim et al, 2010).**

□ Tratamento com surfactantes, especialmente pat Tween 40, de facto, foi observado que concentrações finais de glutamato de 80 g/L foram obtidas pela estirpe *C. glutamicum*, usando Tween 40 **(Kim et al, 2009; Hoischen e Kramer, 1990).**

2.3. Condições de cultivo.

A fermentação é efectuada em fermentadores de aço inoxidável com uma capacidade máxima de 450m. As fontes de carbono utilizadas são geralmente a glucose ou a sacarose. Podem também ser utilizados melaços de cana-de-açúcar ou de beterraba sacarina. A fonte de azoto (sais de amónio, ureia ou amoníaco) é alimentada lentamente para evitar a inibição da produção de L-glutamato **(Hirasawa et al, 2016).**

A cultura é mantida em condições aeróbias com agitação, a uma temperatura de 30-37°C, consoante o microrganismo utilizado. Para evitar que o pH do meio de cultura diminua à medida que o L-glutamato é excretado para o meio, o pH é mantido entre 7 e 8. A fermentação dura normalmente entre 35 e 40 horas, com níveis de ácido glutâmico no caldo que atingem 80 g/L **(Delaunay et al, 1999).** A purificação do ácido glutâmico envolve a centrifugação para remover a biomassa microbiana. O pH do sobrenadante é suavemente reduzido com ácido clorídrico até ao ponto isoelétrico do ácido L-glutâmico (pH= 3,2). Os cristais de ácido L-glutâmico foram então recuperados por centrifugação e lavados várias vezes. O MSG é preparado através da adição de uma solução de hidróxido de sódio ao ácido

L-glutâmico cristalino, seguida de recristalização **(Schultz et al, 2007).**

V.2.2. Ácidos orgânicos .

1. Introdução .

Os ácidos orgânicos são moléculas orgânicas com grupos ácidos (COOH) no seu esqueleto carbónico. A maioria dos ácidos orgânicos é utilizada na indústria alimentar, principalmente como conservantes, aromatizantes, acidulantes e antioxidantes. Os principais ácidos orgânicos úteis para os seres humanos incluem o ácido cítrico, o ácido acético, o ácido lático e o ácido propiónico **(Sauer et al, 2008).**

No resto do curso, discutiremos o exemplo da produção industrial d e ácido. cítrico.

2. Definição e utilização do ácido cítrico.

O ácido cítrico, ou citrato, é um ácido orgânico que se encontra em abundância nos limões, daí o seu nome. É amplamente utilizado na indústria alimentar, como aditivo alimentar (número E330), como acidulante e agente aromatizante em bebidas, produtos de confeitaria, doces azedos e outros alimentos. O ácido cítrico pode ter outras aplicações não alimentares, nomeadamente na medicina e nos produtos farmacêuticos **(Max et al, 2010).**

3. Estrutura química do ácido cítrico.

É um ácido tricarboxílico (com três grupos funcionais carboxilo: três COOH), mais um grupo hidroxilo (OH) **(Menzel et al, 2013):**

$$\begin{array}{c} \mathrm{COOH} \\ | \\ \mathrm{HOOC - CH_2 - C - CH_2 - COOH} \\ | \\ \mathrm{OH} \end{array}$$

4. Microrganismos industriais que produzem ácido cítrico.

Muitos microrganismos podem ser utilizados para produzir ácido cítrico:

- Bactérias: *Bacillus licheniformis* e *Bacillus subtilis* **(Xu et al, 2005).**

Bolores: *Aspergillus niger, Aspergillus awamori, Aspergillus foetidus,* e *Penicillium restrictum* **(Show et al, 2015).**

Leveduras: *Candida lipolytica, Candida intermedia e Saccharomyces cerevisiae* **(Yalcin et al, 2010).**

No entanto, a produção industrial mundial é assegurada pelo fungo *Aspergillus niger,* devido à sua facilidade de manuseamento e à sua capacidade de fermentar uma variedade de substratos baratos, bem como aos seus elevados rendimentos de produção de ácido cítrico **(Papagianni, 2007).**

5. Biossíntese do ácido cítrico.

O ácido cítrico é um intermediário metabólico do ciclo de Krebs, resultante da condensação do resíduo acetil (2 carbonos) do acetil-CoA com o oxaloacetato (4 carbonos) para formar citrato (6 carbonos), com libertação de CoA. A reação é catalisada pela enzima citrato sintase **(Figura 14) (Szczodrak, 1981):**

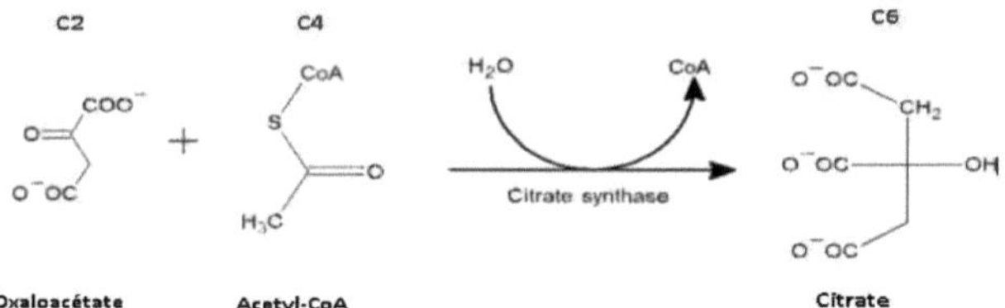

Figura 14. Reação de formação do ácido cítrico **(Szczodrak, 1981).**

6. Aspectos bioquímicos da biossíntese industrial do ácido cítrico.

O ácido cítrico é um metabolito intermédio do ciclo de Krebs; uma vez formado, é imediatamente convertido em cis-aconitato pela enzima aconitase **(Figura 15) (Degu et al,**

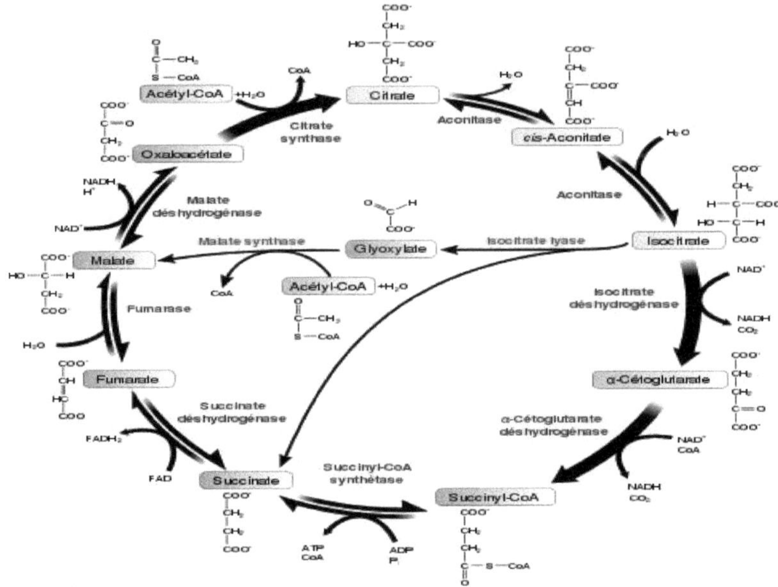

2011):

Figura 15. Ciclo de Krebs **(Degu et al, 2011).**

Na indústria, para acumular citrato, é necessário bloquear a reação que converte o citrato em cis-aconitato. Isto é conseguido através da inibição da aconitase, a enzima que catalisa esta reação. Esta enzima pode ser inibida de várias maneiras, nomeadamente **(Ramakrishnan et al, 1955; Kubicek e Röhr, 1985):**

$^{+2}$Eliminação de iões de ferro (Fe), de facto, a enzima aconitase utiliza iões de ferro como cofator, pelo que se o ferro for eliminado do meio de cultura industrial, a enzima será automaticamente bloqueada. Os iões de ferro podem ser eliminados através da adição de certos agentes quelantes de ferro, como o fluorocitrato.

Modificação genética de estirpes de *Aspergillus niger,* através da indução de mutações no gene responsável pela biossíntese d a enzima aconitase, com vista à obtenção de estirpes transgénicas desprovidas desta enzima.

7. O meio de cultura industrial utilizado para produzir ácido cítrico.

O processo de fermentação industrial d o ácido cítrico envolve o cultivo do *A. niger*, em condições aeróbias, num meio de cultura que contém :

Uma fonte de carbono.

A fonte de carbono pode ser o amido, o hidrolisado de amido, o sumo de cana-de-açúcar,a glucose, a sacarose ou o melaço. Na indústria, a fonte de carbono mais comummente utilizada é o melaço. Para que a produção de ácido cítrico seja elevada, a concentração de açúcar no meio de cultura deve ser de, pelo menos, 140 g/L (14%) **(Ikram et al, 2004).**

Uma fonte de azoto.

Trata-se geralmente de sais de amónio, nomeadamente sulfato de amónio, nitrato de amónio, etc., que são geralmente fornecidos em concentrações de 0,1 a 0,4 g/L **(Papagianni et al, 2005).**

Sais minerais.

$^{+2}$Os sais minerais, especialmente o Fe , devem ser removidos do meio de cultura, uma vez que este inibe a formação de ácido cítrico acima de uma concentração crítica. Os sais minerais são removidos por cromatografia de troca iónica **(Choudhary et al, 1966).**

pH.

Para iniciar o crescimento de *Aspergillus niger,* o pH inicial do meio de cultura situa-se geralmente entre 5 e 7. Em seguida, deve ser mantido abaixo de 2, o que tem a vantagem de controlar a contaminação e de inibir a formação de ácido oxálico e de ácido glucónico (produtos indesejáveis) **(Papagianni et al, 2005).**

8. As etapas da produção industrial de ácido cítrico.

8.1. Fermentação.

O ácido cítrico pode ser produzido industrialmente por fermentação de superfície ou por fermentação submersa:

O processo de fermentação de superfície :

Este método consiste em colocar o meio de cultura estéril, que é geralmente melaço, em tabuleiros pouco profundos (5 a 20 cm de profundidade) feitos de alumínio ou aço inoxidável **(figura 16),** colocados numa câmara estéril **(figura 17) (Kılıç et al, 2002).**

Os tabuleiros são inoculados por pulverização com esporos *de Aspergillus niger*. O fungo cresce então na superfície do meio. As condições aeróbicas são mantidas através de ar estéril soprado para dentro da câmara de fermentação. A temperatura é fixada em 30°C. O pH desce gradualmente abaixo de 2, altura em que se inicia a produção de ácido cítrico. [3]A fermentação dura cerca de 8 a 12 dias, com um rendimento de cerca de 1,0 kg/m por dia **(Darouneh et al, 2009).**

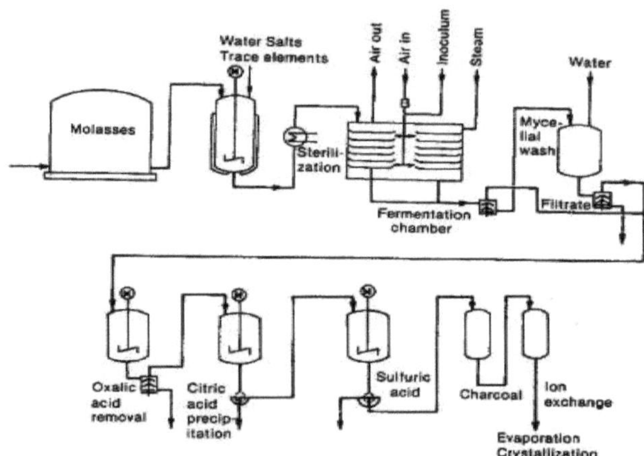

Figura 16. Diagrama esquemático do processo de produção de ácido cítrico utilizando o método de fermentação de superfície **(Darouneh et al, 2009).**

Figura 17. Fotos de uma planta que produz ácido cítrico por fermentação de superfície **(Kılıç et al, 2002).**

• O processo de fermentação submersa :

Mais de 80% do ácido cítrico mundial é produzido por fermentação submersa em fermentadores com um volume de 200 a 900 m³. Os fermentadores são resistentes à corrosão e geralmente feitos de aço inoxidável. **(Darouneh et al, 2009).** Ao contrário da fermentação de superfície, o meio de cultura estéril é semeado com células vegetativas em vez de esporos de bolor *A. niger*. A cultura é mantida com agitação a uma temperatura de 30°C e um pH não superior a pH=3,5. A fermentação dura de cinco a catorze dias e atinge um rendimento de cerca de 18,0 kg/m³ por dia **(Khan et al, 1990).**

8.2. Precipitação, extração e purificação do ácido cítrico.

Uma vez terminada a fermentação, a purificação do ácido cítrico começa por separar o micélio fúngico do meio de cultura por filtração ou centrifugação. A solução resultante é aquecida e depois misturada com cal (CaO) para formar um precipitado de citrato de cálcio ($Ca_3(C_6H_5O_7)_2$). Este é separado por filtração e, em seguida, tratado com ácido sulfúrico diluído para gerar ácido cítrico e um precipitado de sulfato de cálcio (gesso). Este último é eliminado por filtração. A solução de ácido cítrico obtida é descolorida por carvão ativado e depois evaporada para produzir cristais de ácido cítrico. Estes cristais são recuperados por centrifugação, secos e embalados **(Vandenberghe et al, 1999).**

As etapas da fermentação industrial do ácido cítrico estão resumidas na **Figura 18.**

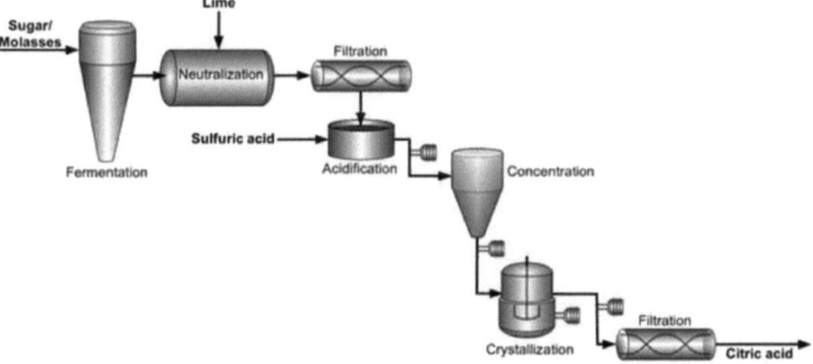

Figura 18. Etapas do fabrico do ácido cítrico.

V.2.3. Produção de biogás pelo processo de metanização.

1. Introdução.

A metanização (ou digestão anaeróbia) é o processo biológico natural de degradação da matéria orgânica, na ausência de oxigénio (condições anaeróbias), em biogás. O biogás é composto principalmente por metano (CH_4) e dióxido de carbono (CO_2) **(Lehtomäki et al, 2006).** O processo de digestão anaeróbia decorre em várias fases, envolvendo várias comunidades microbianas, em digestores anaeróbios ou metanizadores **(Sagagi et al, 2009).**

2. Os benefícios da metanização.

A metanização tem dois grandes benefícios: económico e ambiental.
(Martin et al, 2013):

O interesse económico: o metano (biogás) produzido pode ser utilizado como uma fonte de energia renovável, que pode substituir as fontes de energia fósseis (especialmente o gás natural), o que reduzirá o custo de aquisição do petróleo e do gás natural. O metano é utilizado para cozinhar ou convertido em energia mecânica ou eletricidade.
O benefício ambiental: a matéria-prima utilizada durante a metanização corresponde geralmente a vários resíduos orgânicos: urbanos, agrícolas ou industriais, o que contribui para a despoluição do ambiente.

3. Aspectos bioquímicos e microbiológicos da metanização.

A metanização é o resultado de um extraordinário processo coletivo e sucessivo que envolve numerosas populações de microrganismos. Trata-se, de facto, de uma sucessão de reacções químicas catalisadas por enzimas produzidas por diversos organismos vivos. A digestão anaeróbia (metanização) pode ser descrita em termos de quatro fases de degradação **(Figura 19):** hidrólise, acidogénese, acetogénese e metanogénese. Cada fase envolve um grupo particular de microrganismos **(Tian et al, 2017).**

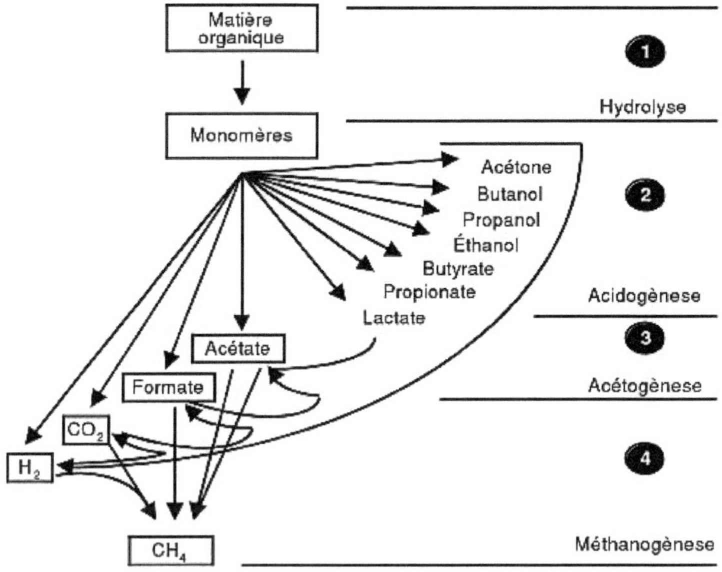

Figura 19. As 4 fases da metanização **(Christy et al, 2014).**

3.1 Hidrólise.

Durante esta fase, as moléculas orgânicas de elevado peso molecular, como os polissacáridos, os lípidos, as proteínas e os ácidos nucleicos, são hidrolisadas em monómeros (monossacáridos como a glicose, os ácidos gordos, os aminoácidos e as bases azotadas). As bactérias envolvidas nesta fase têm um metabolismo anaeróbio estrito ou facultativo e formam um grupo filogenético heterogéneo que inclui numerosos grupos bacterianos **(Quadro 2)**, incluindo *Clostridium, Bacillus, Bacteroides, Butyrivibrio, Ruminococcus,* Pseudomonas.....etc **(Cirne et al, 2007).**

3.2 O acidogénio.

Durante esta fase, os monómeros da fase de hidrólise são transformados por fermentação em ácidos orgânicos (por exemplo, ácido acético, ácido propiónico, ácido butírico, ácido lático), álcool (por exemplo, etanol), hidrogénio e dióxido de carbono (**Quadro 3**). Vários géneros de bactérias estão envolvidos nesta fase: *Bacteroides*, *Bacillus*, *Pelobacter*, *Acetobacterium*, *Enterobacteriaceae* **(Elefsiniotis et al, 2004).**

Tabela 2. Bactérias hidrolíticas na digestão anaeróbia (**Cirne et al, 2007**).

Substrato	Espécies
Condições mesófilas	
Celulose	*Acetivibrio cellulolyticus, Acetivibrio cellulosolvens*
	Clostridium aldrichii, Clostridium cellulolyticum, Clostridium cellobioparum, Clostridium chartatabidum, Clostridium populeti, Clostridium paradoxum, Clostridium cellulofermentans, Clostridium cellulosi Clostridium cellulovorans Clostridium termitidis, Clostridium polysaccharolyticum, Clostridium papyrosolvens, Clostridium josui, Clostridium lentocellum, Clostridium cellulovorans.
	Bacteroides succinogenes , Bacteroides cellulosolvens
	Butyrivibrio fibrisolvens
	Ruminococcus albus, Ruminococcus flavifasiens
	Cilobacterium cellulosolvens
Hemicelulose	*Bacteroides ruminicola*
Pectinas	*Clostridium butyricum, Clostridium multifermentens*
Amido	*Bacillus spp.*
	Clostridium butyricum
	Lactobacillus spp.
	Pseudomonas spp.
Lípidos	*Anaerovibrio lipolytica*
	Syntrophomonas spp.
Proteínas	*Bacillus spp.*
	Clostridium spp.
	Staphylococcus spp.
Composto de azoto	*Clostridium acidiurici, Clostridium cylindrosporum*
	Micrococcus aerogenes, Micrococcus lactilyticus
Condição termofílica	
Celulose	*Clostridiumstercorarium , Clostridiumthermocopriae , Clostridium cellulosi, Clostridium thermocellum, Clostridium thermopapyrolyticum*
	Anaerocellum thermophilum
Hemicelulose	*Clostridiumthermocellum , Clostridiumthermocopriae , Clostridium thermobutyricum*
Pectinas	*Clostridium thermohydrosulfuricum, Clostridium thermosaccharolyticum, Clostridiumthermocellum , Clostridiumthermolacticum , Clostridium thermosulfurogenes*
	Acetomicrobium faecalis

Amido	*Clostridium thermocopriae, Clostridium stercorarium, Clostridium thermolacticum, Clostridium thermosaccharolyticum, Clostridium fervidus, Clostridium thermobutyricum, Clostridium thermopalmarium,*
	Acetomicrobium flavidum
	Thermoanaerobacterfinnii , Thermoanaerobacteracetoethylicus , Thermoanaerobacter ethanolicus, Thermoanaerobacter brockii
Proteínas	*Coprothermobacter proteolyticus*

Tabela 3. As diferentes reacções acidogénicas **(Elefsiniotis et al, 2004).**

C6H12O6 + 2 H2O	—> ⁻2 etanol + HCO3 + 2 H^+
C6H12O6	—> ⁻2 lactato + 2 H^+
C6H12O6 + 2 H2O	—> ⁻⁻⁺butirato + 2 HCO3 + 3 H + 2 H^+
C6H12O6	—> 3 acetato + 3 H^+
C6H12O6 + HCO3⁻	—> ²⁻⁻⁻⁺succinato + acetato + formiato + 3 H + H2O

3.3 Acetogénese.

Na fase de acetogénese, os intermediários metabólicos são transformados em acetato, hidrogénio e dióxido de carbono. Estes três últimos servirão de substrato para as metanogénicas (a fase seguinte da metanização). A fase de acetogénese é principalmente catalisada pelas bactérias homoacetogénicas, bem como pelas acetogénicas obrigatórias produtoras de hidrogénio (que são bactérias sintróficas) **(Francioso et al, 2010).**

3.3.1 Bactérias homo-acetogénicas não sintróficas.

Estas bactérias produzem exclusivamente acetato. Dependendo da origem d o acetato gerado, as

As bactérias homoacetogénicas estão divididas em dois grupos **(Kushkevych et al, 2019):**

- **Grupo 1:** Estas bactérias produzem acetato a partir da fermentação de um substrato de carbono. Podem fermentar em acetato oses simples, como a glicose, ou produtos da fase acidogénica. É o caso de: *Butyribacterium* spp. e *Peptococcus glycinophilus.*
- **Grupo 2:** estas bactérias utilizam o hidrogénio e o dióxido de carbono para produzir energia.

acetato :

⁻⁺4 H2 + 2 HCO3 + H → CH3COOH+ 4 H2O

Estes incluem: *Acetoanaerobium noterae, Eubacterium limosum Sporomusa spp. Thermoanaerobacter kivui*

3.3.2. Bactérias acetogénicas sintetizam

As bactérias sintróficas acetogénicas, ou bactérias produtoras de hidrogénio obrigatórias (OHPA), são bactérias que produzem di-hidrogénio durante a reação de formação de acetato **(Quadro 4).** Exemplos incluem: *Syntrophobacter, Syntrophomonas, Syntrophus, Syntrophococcus* **(Schink, 1997).**

A atividade destas bactérias é inibida por um excesso de H_2 no meio, pelo que o hidrogénio gerado durante esta fase deve ser consumido imediatamente. Estas bactérias requerem, portanto, a presença de espécies consumidoras de H_2 para assegurar que a pressão de H_2 seja mantida a um nível baixo, pelo que a simbiose destas bactérias com bactérias consumidoras de H_2, particularmente bactérias redutoras de sulfato, bactérias homo-acetogénicas e metanogénicas, é essencial para garantir uma boa atividade no digestor **(Huang et al, 2020).**

Tabela 4. Reacções de bactérias acetogénicas sintróficas **(Huang et al, 2020).**

$^{-}$lactato + 2 H_2O	$\rightarrow$	$^{-}$acetato + 2 H_2 + 3 HCO_3 + H^+
etanol + 2 HCO_3^-	$\rightarrow$	$^{-}$acetato + 2 formiato + H_2O + H^+
etanol + 2 H_2O	$\rightarrow$	$^{-}$acetato + 2 H_2 + H^+
$^{-}$butirato + 2 H_2O	$\rightarrow$	$^{-}$2 acetato + 2 H_2 + 3 H^+
$^{-}$propionato + 3 H_2O	$\rightarrow$	$^{-}$acetato + 3 H_2 + HCO_3 + H^+

3.4 A metanogénese

Os metanogénios são archaea que utilizam principalmente acetato, dióxido de carbono e hidrogénio como substratos, para gerar metano. Existem dois grupos de metanogénios **(Lyu et al, 2018; Enzmann et al, 2018):**

Metanogénios acetoclásticos: são metanogénios que utilizam o acetato (acetotróficos) para produzir metano. Dois géneros de archaea utilizam esta via: *Methanosarcina* e *Methanosaeta.*

$CH_3COOH \rightarrow CH_4 + CO_2$

Metanogénios hidrogenotróficos: utilizam hidrogénio e dióxido de carbono para formar metano. Três organismos podem utilizar o monóxido de carbono para gerar metano: *Methanothermobacter thermoautotrophicus*, *Methanosarcina barkeri* e *Methanosarcina acetivorans.*

$CO_2 + 4 H_2 \rightarrow CH_4 + 2 H_2O$.

O formato pode também ser utilizado como fonte de electrões p e l a maioria dos metanogénios hidrogenotróficos:

$4 HCOOH \rightarrow CH_4 + 3 CO_2 + 2 H_2O$.

4. Purificação do biogás (metano).

Para sua utilização como fonte de energia, o biogás passa por um processo de **(Ferreira et al, 2015):**

Remoção de partículas sólidas e poeiras,

Desidratação (para eliminar água).

Eliminação de compostos de enxofre (H_2S),

Eliminação de CO_2.

V.2.4. antibióticos.

1. Introdução.

Os antibióticos são moléculas orgânicas derivadas do metabolismo secundário de fungos filamentosos e bactérias, nomeadamente actinomicetas. Embora tenham sido isoladas 4 000 moléculas antimicrobianas de vários microrganismos, apenas cerca de cinquenta são utilizadas como antibióticos para o tratamento de diferentes infecções. De facto, uma molécula bioactiva deve satisfazer vários critérios importantes para ser considerada um antibiótico: (i) deve ser selectiva, (ii) não deve ser tóxica para o homem ou para os animais, (iii) : baixos custos de produção, (iv) ter um amplo espetro de atividade, (v): um mecanismo de ação específico, (vi): alta solubilidade, (x): deve ser estável em relação a vários factores físico-químicos, etc. **(Bouzidi et al, 2023; Messaoudi et al, 2020).**

As famílias de antibióticos mais utilizadas em medicina são os b-lactâmicos, como as penicilinas obtidas do fungo *Penicillium glaucum* e as cefalosporinas purificadas do fungo *Cephalosporium acremonium*; bem como os aminoglicosídeos, como a estreptomicina que foi isolada do *Streptomyces griseus* **(Zähner et al, 2020; Messaoudi et al, 2013).**

Desde a introdução da penicilina no mercado mundial, as bactérias desenvolveram resistência a esta molécula orgânica, e este fenómeno não pára. A aquisição desta resistência aparece geralmente cerca de dez anos após a introdução do antibiótico, e deve-se a mutações genéticas aleatórias, ou na sequência de trocas de genes de resistência entre bactérias (transformação genética, transdução). A resistência aos antibióticos fez da procura de novas moléculas antibióticas uma urgência mundial **(Messaoudi et al, 2022).**

2. A classe dos B-lactâmicos.

Esta classe de moléculas contém antibióticos que contêm um anel β-lactâmico formado por três átomos de carbono e um azoto na sua estrutura molecular **(Figura 20) (El Khoury, 2019):**

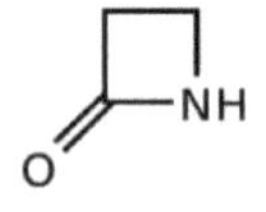

NH

O

Figura 20: Estrutura do núcleo do B-lactâmico **(Suarez, C., & Gudiol, 2009).**

Mais de 100 B-lactâmicos, principalmente penicilinas e cefalosporinas, foram aprovados para uso humano e são responsáveis por mais de metade dos antibióticos produzidos em todo o mundo. Este grupo é particularmente útil devido ao seu amplo espetro de atividade, contra uma variedade de bactérias Gram-positivas e Gram-positivas **(Page, 2012).**

A penicilina é um dos antibióticos pertencentes a esta família. A sua estrutura caracteriza-se por um anel beta-lactâmico de 4 átomos fundido com um anel heterocíclico de 5 átomos (tiazolidina). Dois grupos metilo e um grupo carboxilo estão ligados a este anel de 5 átomos. O anel Β-lactâmico tem uma função amina à qual estão ligadas várias cadeias laterais através de uma ligação amida **(Figura 21) (Messaoudi et al, 2021):**

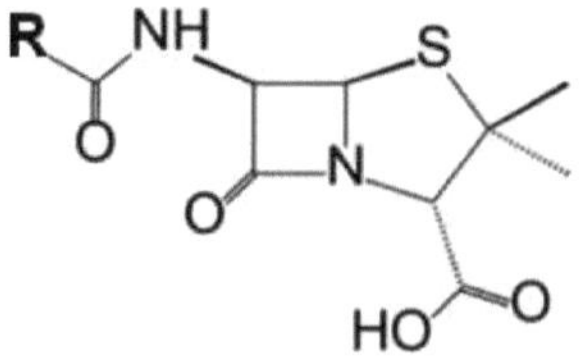

Figura 21. Estrutura básica da penicilina.

As penicilinas actuam impedindo a biossíntese da parede bacteriana, na sequência da inibição da enzima transpeptidase, que é uma enzima chave na biossíntese do peptidoglicano na parede bacteriana, causando assim a morte da bactéria **(Messaoudi, 2020).**

A maior parte das penicilinas são atualmente semi-sintéticas, na sequência de uma modificação química da penicilina natural obtida a partir da espécie *P. chrysogenum.* Esta modificação é conseguida através da substituição do grupo acilo natural ligado ao ácido 6-aminopenicilânico (6-APA) por outros grupos, conferindo à molécula novas propriedades **(Figura 22) (Parmar et al, 2000).**

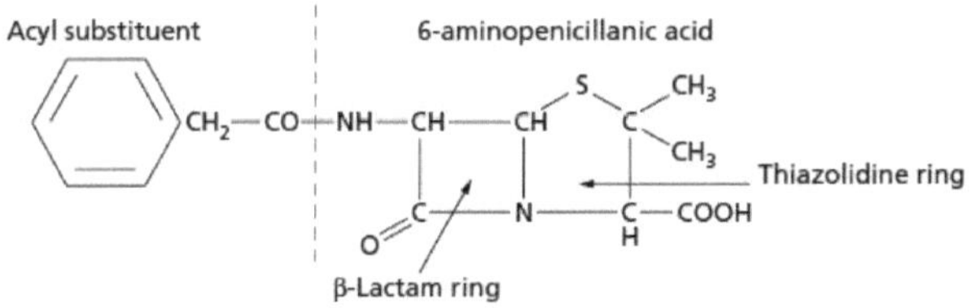

Figura 22. Substituição do grupo acilo do ácido 6-aminopenicilânico (6-APA) por um novo radical **(Parmar et al, 2000).**

As penicilinas semi-sintéticas, como a meticilina, a carbenicilina e a ampicilina, oferecem uma série de melhorias em relação à molécula original, incluindo resistência à acidez gástrica, tornando-as adequadas para administração oral, resistência à penicilinase e atividade contra certas bactérias Gram-negativas **(Messaoudi et al, 2019).**

3. Produção industrial de penicilina.

O processo de obtenção da penicilina a partir da cultura da estirpe de *P. chrysogenum* está resumido na **Figura 23**. O meio de cultura utilizado para a produção industrial de penicilina é formado por **(Veiter et al. 2020; Cepeda-García et al, 2014; Messaoudi et al,2022):**

Uma fonte de carbono: que é geralmente a glucose, a lactose, a sacarose, o etanol e os óleos vegetais. Estas fontes de carbono são utilizadas isoladamente ou combinadas, como no caso da combinação glucose/lactose. Em primeiro lugar, o fungo utiliza a glucose como fonte de carbono para crescer corretamente. Uma vez esgotada a glucose, a espécie *P. chrysogenum* utiliza a lactose para iniciar a biossíntese da penicilina.

Uma fonte de azoto: a fonte de azoto mais comummente utilizada é o licor de milho.

Podem também ser adicionados outros ingredientes, tais c o m o amoníaco, sais minerais, etc.

também podem ser adicionados.

[3]Depois de preparar e esterilizar o meio de cultura, este é introduzido em fermentadores Fed-Batch com uma capacidade de (20-40) 10 litros. O nível de oxigénio deve ser mantido a 25-60 mmol/L/h, e a cultura incubada a 25-27°C com um pH de 6,5-7,7 **(Kalai et al. 2014; Abbaszadeh et al. 2014).**

Após 6 a 8 dias de incubação, a cultura é centrifugada para separar osobrenadante da biomassa, que será utilizada na alimentação animal após várias lavagens para eliminar os vestígios de penicilina. A penicilina é extraída do sobrenadante com osolvente acetato de pentilo, a partir do qual a molécula de penicilina é purificada com carvão ativado. Em seguida, o antibiótico é cristalizado por adição de acetato de sódio, seguido de filtração e, por fim, são efectuadas várias fases de lavagem com etanol. A penicilina pura é então seca e novos radicais podem ser adicionados à sua estrutura básica **(Yadav et al. 2018; Dar et al. 2015; Devi et al, 2009).**

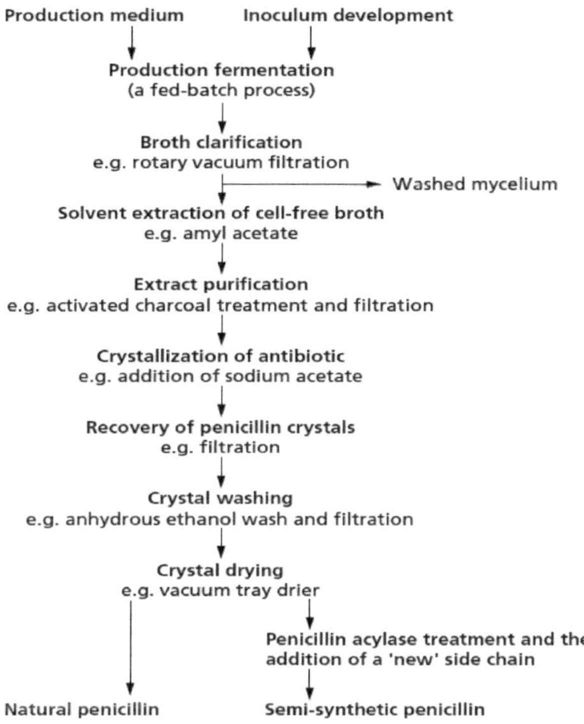

Figura 23. Etapas do fabrico industrial da penicilina (**Devi et al, 2009**).

V.2.5. Polissacáridos de origem microbiana

1. Introdução.

Os polissacáridos são polímeros de açúcares simples (monossacáridos) ligados entre si por ligações glicosídicas. São formados por um único tipo de monossacarídeo (homopolissacarídeo), ou são formados por vários tipos de monossacarídeos (heteropolissacarídeo heterogéneo) **(Salehizadeh et al, 2018).**

Os polissacáridos industriais podem provir de várias fontes, incluindo plantas (celulose, pectina, goma-arábica e amido) e algas (ágar-ágar, alginato, carragenina). Os microrganismos, incluindo as bactérias e os fungos, podem, por sua vez, sintetizar polissacáridos industriais. Em função da sua localização relativamente à célula produtora, podem distinguir-se três tipos de polissacáridos de origem microbiana **(He et al, 2010; Nunez et al, 2013):**

Polissacáridos intracelulares: estes tipos de polissacáridos são difíceis de extrair;

Polissacáridos de parede: tal como a quitina, que existe nas paredes dos fungos, estes tipos de polissacáridos também são difíceis de extrair.

Polissacáridos extracelulares: estes tipos de polissacáridos extracelulares não formam ligações covalentes com a parede celular microbiana. São geralmente designados por exopolissacáridos (EPS), ou são segregados para fora da célula microbiana sob a forma de lama solta, ou revestem a célula microbiana sob a forma de uma cápsula chamada lodo ou "polissacáridos capsulares (CPS)".

Os exo-polissacáridos de origem microbiana desempenham várias funções fisiológicas para o microrganismo **(Porter et al, 2017; Dumitriu, 2004):**

Podem proteger o microrganismo de secar,

Permite que o microrganismo escape ao sistema imunitário,

□ actuam como uma barreira contra vírus e agentes químicos,

□ facilita a fixação do microrganismo nas várias superfícies,

□ São reservas de energia.

2. Exopolissacáridos microbianos e suas aplicações tecnológicas.

2.1. Alginato.

Trata-se de um heteropolímero linear de ácido D-manurónico, algumas unidades das quais são acetiladas, e de ácido L-gulurónico. A ligação ocorre através da via β-1-4 **(Figura 24).** Este polímero é biossintetizado por bactérias Gram-negativas, *Pseudomonas* sp e *Azotobacter vinlandii* **(Franklin et al, 2011).**

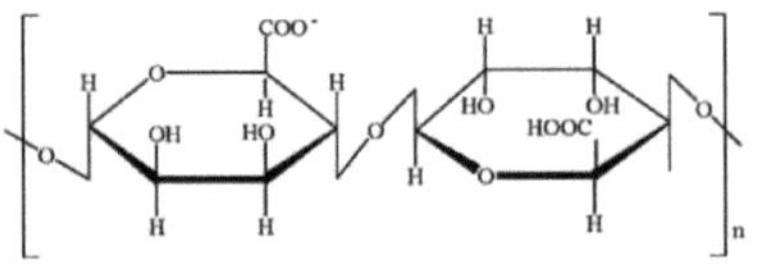

Figura 24. Estrutura química do alginato **(Franklin et al, 2011).**

Os alginatos são utilizados na indústria alimentar pelas suas propriedades emulsionantes, gelificantes, espessantes e estabilizantes, especialmente em produtos à base de leite (gelados) e pastelaria. Também podem ser utilizados para encapsular medicamentos, sob a forma de esferas de alginato, e para fabricar produtos de beleza **(Bregni et al, 2000).**

2.2. A faixa de rodagem

É um homopolímero linear não ramificado de D-glucose, unido por β (1→3) ligações glicosídicas **(Figura 25).** Produzido pela espécie *Alcaligenes faecalis var.myxogenes*, bem como por certas espécies do género *Agrobacterium*. É utilizado como aditivo alimentar (espessante e estabilizador) (E424) **(Jiang et al, 2013).**

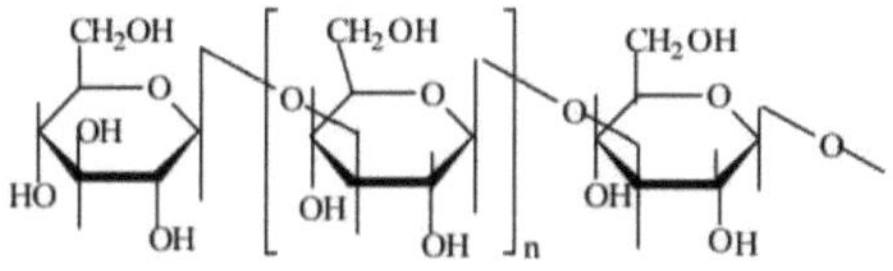

Figura 25. Estrutura química do curdlan **(Jiang et al, 2013).**

2.3. dextrano.

É um homopolímero ramificado de a-D-glicose, ligado por a (1→6) ligações glicosídicas, com ramificações do tipo a (1→3) ou a (1→4) **(Figura 26).** Este polissacárido é sintetizado por vários microrganismos, incluindo *Leuconostoc mesenteroides* **(Naessens et al, 2005).**

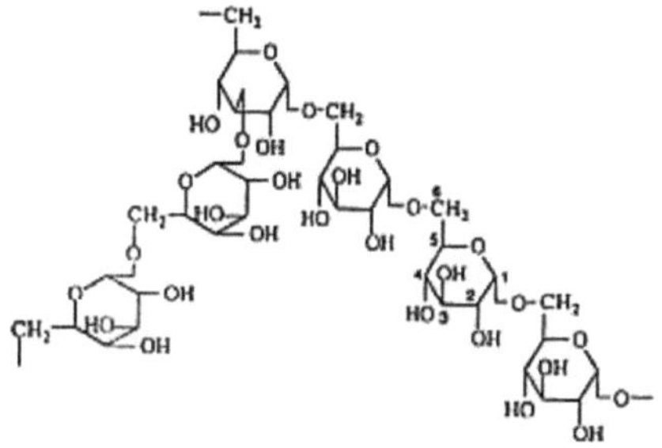

Figura 26. Estrutura química do dextrano **(Purama et al, 2009).**

O dextrano é produzido industrialmente a partir da sacarose pela enzima dextranase-sucrase. O produto obtido, denominado "dextrano nativo", tem uma massa molar média elevada, pelo que não pode ser utilizado neste estado. Por este motivo, o "dextrano nativo" é submetido a uma hidrólise ácida suave com ácido clorídrico diluído, para obter um dextrano com uma massa molar média baixa, mais adequado para as diferentes aplicações visadas, nomeadamente as aplicações in vivo. De facto, o dextrano pode ser utilizado para substituir o plasma sanguíneo, uma vez que tem efeitos antitrombicos e pode ativar o fluxo sanguíneo **(Robyt et al, 2008).**

2.4. Goma gelana (E418).

Trata-se de um heteropoliósido linear, constituído por unidades tetrassacáridas repetidas (quatro açúcares), compostas por dois resíduos de D-glucose, bem como por resíduos de Lramnose e de ácido D-glucurónico **(Figura 27).** A goma gelana é produzida pela bactéria *Sphingomonas elodea.* É utilizada como aditivo alimentar, agente gelificante e espessante numa série de preparações alimentares **(Nampoothiri et al, 2003).**

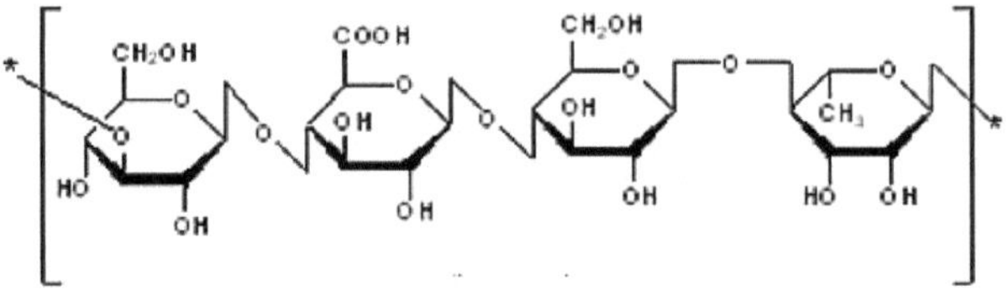

Figura 27: Estrutura química da goma gelana **(Nampoothiri et al, 2003).**

2.5. pullulane.

É um heteropoliósido linear formado pela união das unidades maltotriose, que é um triholósido de três moléculas de glucose ligadas entre si por ligações osídicas do tipo a (1→4). As maltotrioses estão ligadas entre si por ligações osídicas do tipo a (1→6) **(Figura 28) (Singh et al, 2015).**

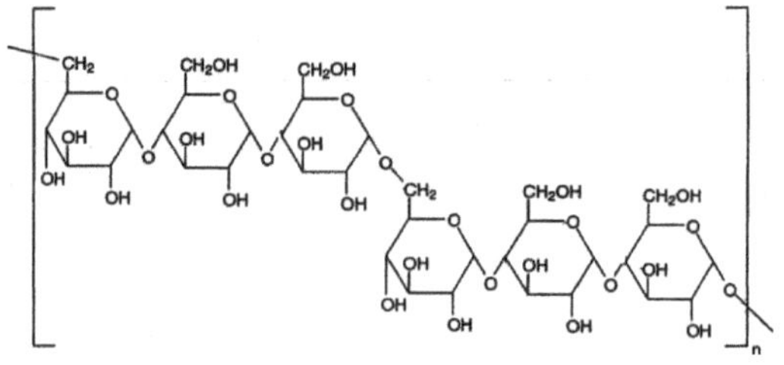

Figura 28. Estrutura química do pululano **(Singh et al, 2015).**

O pululano é produzido a partir do amido pela levedura *Aureobasidium pullulans*, sendo a principal utilização comercial do pululano o fabrico de películas comestíveis **(Hamidi et al, 2019).**

2.6. Goma xantana .

A goma xantana é um heteropolissacárido obtido pela fermentação aeróbica de açúcares por bactérias do género *Xanthomonas,* incluindo *Xanthomonas campestris*, *Xanthomonas* carotae, *Xanthomonas malvacearum* e *Xanthomonas phaseoli.* Muitas destas são agentes patogénicos para as plantas **(Rosalam et al, 2006).**

Estas bactérias são bacilos pequenos, móveis, Gram-negativos, aeróbicos estritos. A espécie

X. campestris é utilizada para a produção comercial de xantana **(Leela et al, 2000).**

A estrutura da goma xantana é complexa e é formada por uma cadeia principal de unidades de D-glucose ligadas a β (1→4), na qual existem ramificações laterais a cada duas unidades de glucose, consistindo num trissacarídeo formado por uma a-D-manose, um ácido β-D-glucurónico e uma β-D-manose terminal **(Figura 29).** 30 a 40% das β-D-manoses das xantanas comerciais contêm um grupo piruvato quelatado entre os carbonos 4 e 6, enquanto 60 a 70% da a-D-manose é acetilada no carbono 6 **(Sworn, 2021).**

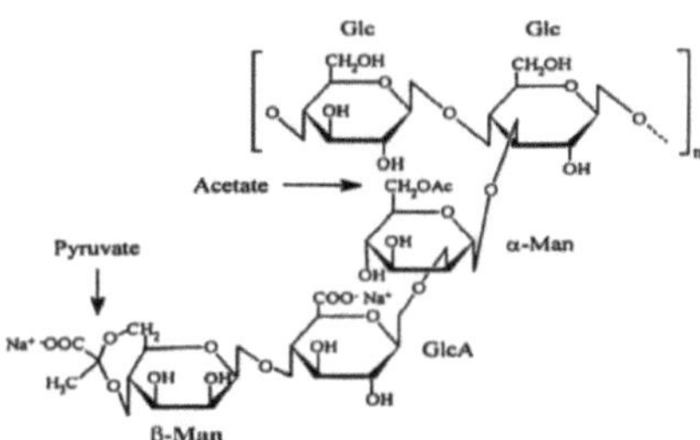

Figura 29. Estrutura química da goma xantana **(Sworn, 2021).**

3. Exemplo de fabrico industrial de um polissacárido: a goma xantana.

São produzidas cerca de 20 000 toneladas de xantana por ano. A produção é influenciada por vários factores, como o tipo de fermentador utilizado e o seu funcionamento, a composição do meio de cultura e as condições físico-químicas da fermentação **(Palaniraj et al, 2011).**

A primeira etapa consiste em cultivar a bactéria *X. campestris.* [3]A cultura obtida será utilizada para inocular fermentadores à escala piloto com um volume de 50 a 200 m . O meio de cultura industrial utilizado para a produção de goma xantana tem a seguinte composição **(Garcıa-Ochoa et al, 2000; Palaniraj et al, 2011):**

 Uma fonte de carbono: que é adicionada a uma taxa de 30-40 g / L, é geralmente D-glucose, sacarose ou melaço.

Uma fonte de azoto: adicionada com uma relação carbono/nitrogénio de aproximadamente 10/1, para obter um elevado rendimento do produto. As principais fontes de azoto utilizadas são: caseína, hidrolisado de soja, sais de amónio, peptona, licor de milho e extrato de levedura.

Vestígios de $MgCl_2$.

Uma solução tampão de fosfato.

A cultura é mantida agitada a uma temperatura entre 28 e 30°C, a um pH=7,0. As bactérias começam a produzir xantana durante a fase exponencial de crescimento, e a fermentação é normalmente concluída após 3 dias de incubação. No final da fermentação, a cultura é aquecida a 100-110°C durante 10 minutos para matar as bactérias e melhorar as propriedades reológicas da xantana. Segue-se uma série de etapas de purificação por filtração, depois precipitação em isopropanol e, por fim, uma etapa de centrifugação para obter a goma xantana. Após secagem, o resíduo é moído para obter um pó de goma xantana. O rendimento mínimo esperado é de cerca de 25g/L a 50 g/L **(Silva et al, 2009; Gumus et al, 2010).**

V.2.6. As vitaminas.

1. Introdução.

As vitaminas são moléculas orgânicas indispensáveis, em quantidades ínfimas, ao metabolismo celular de um organismo vivo, que não é capaz de as sintetizar. Estas moléculas orgânicas desempenham vários papéis fisiológicos para a célula: algumas actuam como moléculas antioxidantes, outras são cofactores de enzimas, enquanto outras têm um papel hormonal, como a vitamina D. Existem dois tipos de vitaminas: as vitaminas lipofílicas, como as vitaminas D, E, K e A, e as vitaminas hidrossolúveis, incluindo as oito vitaminas do grupo B (para o beribéri, uma doença causada pela carência de vitamina B1) **(Chawla e Kvarnberg, 2014).**

Entre as vitaminas hidrossolúveis, a vitamina B12 é utilizada como suplemento alimentar, uma vez que é essencial para o funcionamento normal do cérebro e para a formação do sangue, sendo por isso utilizada no tratamento da anemia perniciosa, além de ser essencial para a síntese e regulação do ADN e para o metabolismo dos aminoácidos e dos ácidos gordos **(Dziegielewska-Gesiak et al, 2019).**

Atualmente, várias vitaminas são produzidas industrialmente por meios microbianos, incluindo a cobalamina (vitamina B12). Este capítulo aborda a estrutura, os microrganismos produtores e a produção industrial de vitamina B12 **(Piao et al, 2004).**

2. Estrutura e microorganismos produtores de vitamina B12.

Apenas as bactérias e as archaea podem sintetizar a vitamina B12. As bactérias capazes de sintetizar cobalaminas (vitamina B12) são geralmente isoladas do solo e pertencem a várias espécies, incluindo *Propionibacterium freudenreichii*; *Pseudomonas denitrificans*; *Propionibacterium shermanii*, *Streptomyces olivaceus* **(Piwowarek et al, 2018).**

Estruturalmente, a vitamina B12 é uma molécula orgânica composta por um anel corrinoide tetrapirrólico, com um átomo de cobalto no centro, que se liga a ligandos axiais superiores (R) e inferiores (R') **(Kräutler, 2005).**

Consoante a natureza dos ligandos axiais (superior e inferior), a vitamina B12 assumirá diferentes designações: "cianopseudocobalamina", "metilpseudocobalamina", "hidroxipseudocobalamina" ou "adenosilpseudocobalamina". O ligando axial inferior (R') pode ser um grupo dimetilbenzimidazol (DMB) ou um grupo adenina, enquanto o ligando axial superior (R) pode ser um grupo ciano (-CN), um grupo hidroxilo (-OH) ou um grupo metilo (-CH3) **(Figura 31) (Krishnakumar et al, 2007).**

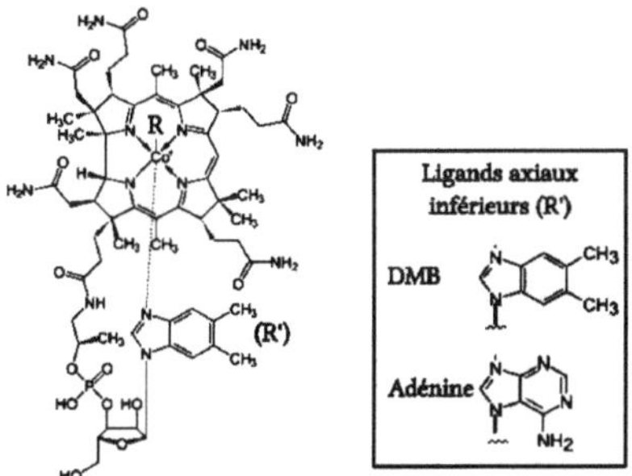

Figura 30. Estrutura da vitamina B12 **(Hazra et al, 2015).**

3. Produção industrial de vitamina B12.

Devido à sua alta produtividade de vitamina B12 e rápido crescimento, as espécies *Propionibacterium shermanii, Propionibacterium freudenreichii* e *Pseudomonas denitrificans* são as mais utilizadas na indústria para a produção de vitamina B12. No entanto, devido à diferença no mecanismo de biossíntese da vitamina B12, as condições de fermentação utilizadas são diferentes para os dois géneros **(Hazra et al, 2015).**

Ambas as espécies, *Propionibacterium shermanii e Propionibacterium freudenreichii,* são microaerófilas e são capazes de produzir vitamina B12 apenas a baixas pressões de oxigénio. No entanto, a biossíntese do ligando axial inferior (R') dimetilbenzimidazol (DMBI) é efectuada em condições aeróbias. Por conseguinte, são necessárias duas etapas. Durante os primeiros 3 dias de fermentação, as bactérias crescem em condições anaeróbicas. Isto leva à acumulação d o intermediário, cobinamida, que é o precursor da vitamina B12 sem o fragmento DMBI. Na segunda fase, a cultura é ligeiramente arejada, durante 1 a 3 dias, permitindo que as bactérias iniciem a síntese de oxigénio do DMBI e o liguem à cobinamida, para formar vitamina B12 **(Yongsmith et al, 1982).**

Paralelamente à produção intracelular de vitamina B12, as duas espécies do género *Propionibacterium* excretam ácido propiónico e ácido acético, o que provoca uma queda do pH, pelo que é importante neutralizar os ácidos acumulados para manter a cultura a pH 7 **(Piwowarek et al, 2018).**

No final da fermentação, a cultura é aquecida a 80-120°C durante 10-30 minutos a pH 6,5-8,5 para extrair a vitamina B12. Em seguida, é tratada com cianeto ou tiocianato para obter a cianocobalamina, que é a forma comercialmente mais comum de vitamina B12, pois é a molécula mais estável ao ar livre e a mais fácil de cristalizar e, portanto, de purificar, uma vez produzida por fermentação bacteriana **(Hazra et al, 2015).**

A vitamina B12 é precipitada pela adição de ácido tânico e depois purificada com colunas de adsorção ou de permuta iónica **(Piwowarek et al, 2018).**

Glossário.

Bactérias auxotróficas: requerem a presença de um fator de crescimento para o seu desenvolvimento. O oposto é denominado prototrófico.

Bacteriocinas: são péptidos de origem ribossómica, sintetizados por certas bactérias contra outras bactérias próximas da estirpe produtora.

Bacteriófagos: são vírus que infectam apenas bactérias.

Biomassa é um termo que significa a quantidade total (massa) de organismos vivos (plantas, animais, fungos, microrganismos) presentes num biótopo ou num determinado local, num determinado momento.

$^{+2+2}$**Quelantes:** são moléculas capazes de formar um composto solúvel e não tóxico (um quelato) com um ião metálico positivo (Fe , Cu ....).

Cofator: composto químico não proteico necessário para a atividade biológica de uma proteína (enzima).

Suplemento alimentar: fonte concentrada de nutrientes (vitaminas, minerais, fibras, etc.) destinada a colmatar as carências do regime alimentar normal.

Crioprotector: uma substância utilizada para proteger os tecidos biológicos das temperaturas muito baixas utilizadas para os conservar.

DNase : enzima que elimina ácidos desoxirribonucleicos em nucleótidos ou

Energia renovável: uma fonte de energia que se renova naturalmente com rapidez suficiente para ser considerada inesgotável numa escala temporal humana.

Enzimas de restrição: enzimas capazes de cortar um fragmento de ADN numa sequência de nucleótidos caraterística, designada por sítio de restrição.

Umami: um dos cinco sabores básicos, juntamente com o doce, o azedo, o amargo e o salgado.

Archaea: microrganismos procarióticos unicelulares, colocados num domínio separado, tal como os eucariotas e as bactérias.

Bactérias do ácido lático: são bactérias Gram-positivas, microaerófilas, capazes de fermentar a lactose em ácido lático.

Liofilização: trata-se da secagem de um produto pela passagem direta da água do estado sólido (congelado) para o estado de vapor (sublimação).

Moléculas surfactantes: moléculas capazes de reduzir a tensão superficial entre duas superfícies.

Fase de latência: tempo necessário para que as bactérias sintetizem enzimas adaptadas ao novo substrato polinucleotídico.

Plasmídeos: moléculas de ADN extracelular

Emulsionante: molécula utilizada para estabilizar uma mistura de duas substâncias cromossómicas, capazes de replicação autónoma.

non líquidos miscíveis (emulsão).

ponto isoelétrico: ou pHi, é o pH em que a carga eléctrica

Transformação genética: integração de um fragmento de ADN estranho numa célula, resultando em alterações fenotípicas no organismo recetor.

Energia fóssil: energia produzida pela queima de carvão, petróleo ou gás natural, resultante da transformação de matéria orgânica enterrada no solo durante milhões de anos.

Transdução: transferência de material genético entre bactérias, sob a ação de um bacteriófago.

Sabor Umami: um dos cinco sabores básicos, juntamente com o doce, o ácido, o amargo e **o** salgado.

Referências.

1. Abbaszadeh, S., Sharifzadeh, A., Shokri, H., Khosravi, A. R., Abbaszadeh, A. (2014). Eficácia antifúngica do timol, carvacrol, eugenol e mentol como agentes alternativos para controlar o crescimento de fungos relevantes para os alimentos. Journal de Mycologie Medicale, 24(2), e51-e56.

2. Al Farraj, D. A., Varghese, R., Vágvölgyi, C., Elshikh, M. S., Alokda, A. M., & Mahmoud, A. H. (2020). Produção de antibióticos em condições de cultura otimizadas usando substratos de baixo custo de Streptomyces sp. AS4 isolado de sedimento de solo de mangue. Jornal da Universidade Rei Saud - Ciência, 32(2), 1528-1535.

3. Asif, A., Mohsin, H., Tanvir, R., & Rehman, Y. (2017). Revisitando os mecanismos envolvidos na transformação bacteriana induzida por cloreto de cálcio. Fronteiras em microbiologia, 8, 2169.

4. Avila-Leon, I., Chuei Matsudo, M., Sato, S., & De Carvalho, J. C. M. (2012). Biomassa de Arthrospira platensis com elevado teor proteico cultivada em processo contínuo utilizando ureia como fonte de azoto. Journal of Applied Microbiology, 112(6), 1086-1094.

5. Messaoudi, O (2020). Isolamento e caraterização de novas moléculas bioativas de Actinomicetos isolados do sol argelino. Tese de doutoramento, Universidade de Tlemcen, Tlemcen, Argélia,.

6. Baltz, R. H., Demain, A. L., & Davies, J. E. (Eds.). (2010). Manual de microbiologia industrial e biotecnologia. Imprensa da Sociedade Americana de Microbiologia.

7. Messaoudi, O., Wink, J., & Bendahou, M. (2020). Diversidade de actinobactérias isoladas da rizosfera de tamareiras e ambientes salinos: Isolamento, identificação e avaliação da atividade biológica. Microorganismos, 8(12), 1853.

8. Becker, J., & Wittmann, C. (2017). Microrganismos industriais: Corynebacterium glutamicum. Biotecnologia industrial: microorganismos, 1, 183-220.

9. Bergmans, HE, van Die, ,I.M., Hoekstra, WP. 1981. Transformação em Escherichia coli: etapas do processo. J. Bacteriol. 146:564-570.

10. Bregni, C., Degrossi, J., Garcia, R., Lamas, M. C., Firenstein, R., & D'aquino, M. (2000). Microesferas de alginato de Bacillus subtilis.

11. Brindha, J., Ramudu, K. N., & Balamurali, M. M. (2020). Um método eficiente de recombinação de DNA de pote único para geração de biblioteca de proteínas. Revista internacional de macromoléculas biológicas, 146, 661-667.

12. Cepeda-García, C., Domínguez-Santos, R., García-Rico, R. O., García-Estrada, C., Cajiao, A., Fierro, F., & Martín, J. F. (2014). Envolvimento direto do fator de transcrição CreA na biossíntese de penicilina e expressão do gene pcbAB em Penicillium chrysogenum. Microbiologia aplicada e biotecnologia, 98(16), 7113-7124.

13. Chang DE, Jung HC, Rhee JS, Pan JG (1999) Produção homofermentativa de D()) ou L(+)lactato em Echerichia coli RR1 metabolicamente modificada. Appl. Environ. Microbiol. 65: 1384- 1389.

14. Chang, A. Y., Chau, V. W., Landas, J. A., & Pang, Y. (2017). Preparação de Escherichia coli competente em cálcio e transformação por choque térmico. Métodos JEMI, 1, 22-25.

15. Chawla, J., & Kvarnberg, D. (2014). Vitaminas hidrossolúveis. Manual de neurologia clínica, 120, 891-914.

16. Choudhary, A. Q., & Pirt, S. J. (1966). A influência de agentes complexantes de metais na produção de ácido cítrico por Aspergillus niger. Microbiologia, 43(1), 71-81.

17. Christy, P. M., Gopinath, L. R., & Divya, D. (2014). Uma revisão sobre a decomposição anaeróbica e o aumento da produção de biogás através de enzimas e microorganismos. Renewable and Sustainable Energy Reviews, 34, 167-173.

18. Cirne DG, Lehtomaki A, Bjornsson L, Blackall LL. (2007). Análise da hidrólise e da comunidade microbiana na digestão anaeróbia em duas fases de culturas energéticas. J Appl Microbiol.103: 516- 27.

19. Cvetković, D. D., & Markov, S. L. (2002). Cultivo de fungos do chá em extrato de malte.
meio. Ata periodica technologica, (33), 117-124.

20. Darouneh, E., Alavi, A., Vosoughi, M., Arjm, M., Seifkordi, A., & Rajabi, R. (2009). Produção de ácido cítrico: cultura de superfície versus cultura submersa. Jornal Africano de Investigação em Microbiologia, 3(9), 541-545.

21. Bouzidi, A., Azizi, A., Messaoudi, O., Abderrezzak, K., Vidari, G., Hellal, A. N., & Patel, C. N. (2023). Análise fitoquímica, atividades biológicas de extratos metanólicos e um flavonoide isolado da Tunísia Limoniastrum monopetalum (L.) Boiss: uma investigação in vitro e in silico. Scientific Reports, 13(1), 19144.

22. De La Jara, A., Ruano-Rodriguez, C., Polifrone, M., Assunçao, P., Brito-Casillas, Y., Wägner,
A. M., & Serra-Majem, L. (2018). Impacto do consumo dietético de biomassa de Arthrospira (Spirulina) na saúde humana: principais alvos de saúde e revisão sistemática. Journal of Applied Phycology, 30(4), 2403-2423.

23. Degu, A., Hatew, B., Nunes-Nesi, A., Shlizerman, L., Zur, N., Katz, E & Sadka, A. (2011). A inibição da aconitase em calos de citrinos resulta numa mudança metabólica para a biossíntese de aminoácidos. Planta, 234(3), 501-513.

24. Delaunay, S., Gourdon, P., Lapujade, P., Mailly, E., Oriol, E., Engasser, J. M., ... & Goergen, J.
L. (1999). Um processo melhorado, acionado pela temperatura, para a produção de glutamato

com Corynebacterium glutamicum. Enzyme and microbial technology, 25(8-9), 762-768.

25. Demain, A. L. (1981). Microbiologia industrial. Science, 214(4524), 987-995.

26. Demain, A. L., & Adrio, J. L. (2008). Contribuições dos microrganismos para a biologia industrial. Biotecnologia molecular, 38(1), 41.

27. Devi, P., D'Souza, L., Kamat, T., Rodrigues, C., & Naik, C. G. (2009). Fermentação em cultura descontínua de Penicillium chrysogenum e um relatório sobre o isolamento, a purificação, a identificação e a atividade antibiótica da citrinina.

28. Diethard, M., Gasser, B., Egermeier, M., Marx, H., & Sauer, M. (2017). Microorganismos industriais: Saccharomyces cerevisiae e outras leveduras. Biotecnologia Industrial: Microorganismos, 2, 673-686.

29. Dumitriu, S. (Ed.). (2004). Polysaccharides: structural diversity and functional versatility. CRC press.

30. Dziegielewska-Gesiak, S., Fatyga, E., Kasiarz, G., Wilczynski, T., Muc-Wierzgon, M., & Kokot, T. (2019). Deficiências de vitaminas B12 e D e distúrbios de macro e microelementos em pacientes idosos diabéticos. Jornal de reguladores biológicos e agentes homeostáticos, 33(2), 477- 483.

31. El Khoury, J. (2019). Investigação da resistência aos B-lactâmicos em Streptococcus pneumoniae, Escherichia coli, Klebsiella pneumoniae e Pseudomonas aeruginosa utilizando abordagens ómicas.

32. Elefsiniotis P, Oldham WK. 2004. Acidogénese anaeróbia de lamas primárias: o papel do tempo de retenção de sólidos. Biotechnol Bioeng;44: 7-13.

33. El-Mansi, E. M. T., Nielsen, J., Mousdale, D., & Carlson, R. P. (Eds.). (2018). Microbiologia e biotecnologia da fermentação. CRC press.

34. El-Nawwi, S. A., & Abd El-Kader, A. (1996). Produção de proteína unicelular e celulase a partir de bagaço de cana-de-açúcar: efeito de factores de cultura. Biomass and bioenergy, 11(4), 361-364.

35. Enzmann, F. Mayer, M. Rother, D (2018). Holtmann Methanogens: fundo bioquímico e aplicações biotecnológicas AMB Express, 8, 1.

36. Erickson. L.E (2011). Bioreactores para produtos de base. Editor(es): Murray Moo-Young, Comprehensive Biotechnology (Segunda Edição), Academic Press,. 653-658.

37. Erickson. L.E (2019). Bioreactors, Editor(es): Thomas M. Schmidt, Encyclopedia of Microbiology (Fourth Edition), Academic Press. 536-541.

38. Ertan, H. (1992). Algumas propriedades da glutamato desidrogenase, glutamina sintetase e glutamato sintase de Corynebacterium callunae. Arquivos de microbiologia, 158(1), 35-41.

39. Evgenios K, Christos C (2020). Otimização dinâmica baseada em modelos da produção fermentativa de polihidroxialcanoatos (PHAs) em lote alimentado e sequência de biorreatores de operação contínua. Biochemical Engineering Journal.162 : 107702.

40. Fabregas, J., & Herrero, C. (1985). Microalgas marinhas como fonte potencial de proteína unicelular (SCP). Applied microbiology and biotechnology, 23(2), 110-113.

41. Messaoudi, O., Sudarman, E., Patel, C., Bendahou, M., & Wink, J. (2022). Perfil metabólico, biotransformação, estudos de docagem e simulações de dinâmica molecular de compostos bioactivos segregados pela estirpe CG3. *Antibiotics*, *11*(5), 657.

42. Ferreira, A. F., Ribeiro, A. M., Kulaç, S., & Rodrigues, A. E. (2015). Purificação de metano por processos adsortivos em MIL-53 (Al). Ciência da Engenharia Química, 124, 79-95.

43. Francioso, O., Rodriguez-Estrada, M. T., Montecchio, D., Salomoni, C., Caputo, A., & Palenzona, D. (2010). Caracterização química de lamas de águas residuais municipais produzidas por digestão anaeróbia de duas fases para produção de biogás. Journal of hazardous materials, 175(1-3), 740-746.

44. Franklin, M. J., Nivens, D. E., Weadge, J. T., & Howell, P. L. (2011). Biossíntese dos polissacarídeos extracelulares de Pseudomonas aeruginosa, alginato, Pel e Psl. Frontiers in microbiology, 2, 167.

45. Garcıa-Ochoa, F., Santos, V. E., Casas, J. A., & Gómez, E. (2000) Xanthan gum: production, recovery, and properties. Biotechnology advances, 18(7), 549-579.

46. Gervasi, T., Pellizzeri, V., Calabrese, G., Di Bella, G., Cicero, N., & Dugo, G. (2018). Produção de proteína de célula única (SCP) a partir de resíduos alimentares e agrícolas usando Saccharomyces cerevisiae. Pesquisa de produtos naturais, 32(6), 648-653.

47. Ghanem (1992). Produção de proteínas unicelulares a partir de polpa de beterraba por cultura mista.

48. Gumus, T., Demirci, A.S., Mirik, M., Arici, M., Aysan, Y., 2010. Produção de goma xantana por Xanthomonas spp. isoladas de diferentes plantas. Food Science Biotechnology 19 (1), 201-206.

49. Gutmann, M., Hoischen, C., & Krämer, R. (1992). Secreção de glutamato mediada por transportador por Corynebacterium glutamicum sob limitação de biotina. Biochimica et Biophysica Ata (BBA)- Biomembranes, 1112(1), 115-123.

50. Hamidi, M., Kennedy, J. F., Khodaiyan, F., Mousavi, Z., & Hosseini, S. S. (2019). Otimização da produção, caraterização e expressão gênica de pululano de uma nova cepa de Aureobasidium pullulans. Revista internacional de macromoléculas biológicas, 138, 725-735.

51. Harwood, C. R., Park, S. H., & Sauer, M. (2018). Editorial para a edição temática sobre "Microbiologia Industrial".

52. Hazra, A. B., Han, A. W., Mehta, A. P., Mok, K. C., Osadchiy, V., Begley, T. P., & Taga, M. E. (2015). Biossíntese anaeróbica do ligante inferior da vitamina B12. Actas da Academia Nacional de Ciências, 112(34), 10792-10797.

53. He, F., Yang, Y., Yang, G., & Yu, L. (2010). Estudos sobre a atividade antibacteriana e o mecanismo antibacteriano de um novo polissacárido de Streptomyces virginia H03. Food Control, 21(9), 1257- 1262.

54. Hermann, T. (2003). Produção industrial de aminoácidos por bactérias coryneformes. Jornal de biotecnologia, 104(1-3), 155-172.

55. Hirasawa, T., & Wachi, M. (2016). Fermentação de glutamato-2: mecanismo de superprodução de L-glutamato em Corynebacterium glutamicum. Fermentação de Aminoácidos, 57-72.

56. Hoischen C, Kra¨mer R (1990) A alteração da membrana é necessária mas não suficiente para a secreção efectiva de glutamato em Corynebacterium glutamicum. J Bacteriol 172(6):3409-3416.

57. Huang, C., Luo, M. T., Chen, X. F., Xiong, L., Li, X. M., & Chen, X. D. (2017). Avanços recentes e ponto de vista industrial para o tratamento biológico de águas residuais por microrganismos oleaginosos. Bioresource technology, 232, 398-407.

58. Huang, X., Liu, X., Chen, F., Wang, Y., Li, X., Wang, D., ... & Yang, Q. (2020). A claritromicina afecta a produção de metano a partir da digestão anaeróbia de lamas activadas de resíduos. Journal of Cleaner Production, 255, 120321.

59. Humphrey, A. E., & Lee, S. E. (1992). Industrial fermentation: principles, processes, and
produtos. In Riegel's handbook of industrial chemistry (pp. 916-986). Springer, Dordrecht.

60. Ikeda, M. (2003). Processos de produção de aminoácidos. Microbial production of l-amino acids, 1- 35.

61. Ikeda, M., & Takeno, S. (2013). Produção de aminoácidos por Corynebacterium glutamicum. Em Corynebacterium glutamicum (pp. 107-147). Springer, Berlim, Heidelberg.

62. Ikram-Ul, H., Ali, S., Qadeer, M. A., & Iqbal, J. (2004). Produção de ácido cítrico por mutantes selecionados de Aspergillus niger a partir de melaço de cana. Bioresource Technology, 93(2), 125-130.

63. Jang, C, Magnuson, T. 2013. Um novo marcador de seleção para clonagem e recombinação eficiente de DNA em E. coli. Plos One. 8:e57075.

64. Jiang, L. (2013). Efeito da fonte de azoto na produção de curdlan por Alcaligenes faecalis ATCC 31749. Revista internacional de macromoléculas biológicas, 52, 218-220.

65. Johansen, E. (2017). Acesso futuro e melhoria das culturas industriais de bactérias do ácido lático. Fábricas de células microbianas, 16(1), 1-5.

66. Kalai, S., Bensoussan, M., Dantigny, P. (2014). O tempo de atraso para a germinação de conídios de Penicillium chrysogenum é induzido por mudanças de temperatura. Food Microbiology, 42, 149-153.

67. Kampen, W. H. (2014). Requisitos nutricionais em processos de fermentação. Em Fermentation and biochemical engineering handbook (Manual de engenharia bioquímica e de fermentação) (pp. 37-57). William Andrew Publishing.

68. Keller, N. P. (2019). Metabolismo secundário fúngico: regulação, função e descoberta de medicamentos. Nature Reviews Microbiology, 17(3), 167-180.

69. Khan KH, Shaukat SS (1990). Produção de ácido cítrico com estirpes mistas de Aspergillus niger em cultura submersa. Ata Microbiol. Hung 37: 9-13.

70. Kılıç, M., Bayraktar, E., Ateş, S., & Mehmetoglu, Ü. (2002). Investigação de cítricos extrativos
fermentação ácida utilizando a metodologia de superfície de resposta. Process Biochemistry, 37(7), 759-767.

71. Kim, J., Fukuda, H., Hirasawa, T., Nagahisa, K., Nagai, K., Wachi, M., & Shimizu, H. (2010). Necessidade de síntese de novo da proteína OdhI na produção de glutamato induzida por penicilina por Corynebacterium glutamicum. Applied microbiology and biotechnology, 86(3), 911-920.

72. Kim, J., Hirasawa, T., Sato, Y., Nagahisa, K., Furusawa, C., & Shimizu, H. (2009). Efeito da sobreexpressão de odhA e da expressão de ARN antisense de odhA na produção de glutamato desencadeada por Tween-40 por Corynebacterium glutamicum. Applied microbiology and biotechnology, 81(6), 1097-1106.

73. Koval, O., & Oliinichuk, S. (2019). Influência de melasses não-açúcares na eficiência da fermentação de mosto de matéria-prima sacarífera.

74. Kräutler, B. (2005). Vitamina B12: química e bioquímica. Biochemical Society Transactions, 33(4), 806-810.

75. Kriger, O. V., & Noskova, S. Y. (2018). Propriedades dos microrganismos do ácido lático: métodos de preservação a longo prazo. Processamento de alimentos: técnicas e tecnologia, 51(4), 30-38.

76. Krishnakumar, V., Seshadri, S., & Muthunatasen, S. (2007). Análise dos espectros vibracionais do 5, 6-dimetil benzimidazol com base em cálculos da teoria do funcional da densidade. Spectrochimica Ata Part A: Molecular and Biomolecular Spectroscopy, 68(3), 811-816.

77. Kubicek, C. P., & Röhr, M. (1985). Aconitase e fermentação de ácido cítrico por Aspergillus niger. Applied and environmental microbiology, 50(5), 1336-1338.

78. Kushkevych, I., Kobzová, E., Vítězová, M., Vítěz, T., Dordević, D., & Bartoš, M. (2019). Microrganismos acetogênicos em usinas de biogás em operação, dependendo das

combinações de substratos. Biologia, 74(9), 1229-1236.

79. Laluce, C., Bertolini, M. C., Ernandes, J. R., Martini, A. V., & Martini, A. (1988). Novas estirpes de leveduras amilolíticas para a fermentação do amido e da dextrina. Applied and environmental microbiology, 54(10), 2447-2451.

80. Lee, K. S., Boccazzi, P., Sinskey, A. J., & Ram, R. J. (2011). Quimiostato microfluídico e turbidostato com controlo de caudal, oxigénio e temperatura para cultura dinâmica contínua. Lab on a Chip, 11(10), 1730-1739.

81. Leela, J. K., & Sharma, G. (2000). Estudos sobre a produção de xantana a partir de Xanthomonas campestris. Bioprocess Engineering, 23(6), 687-689.

82. Lehtomäki, A. (2006). Produção de biogás a partir de culturas energéticas e resíduos de culturas (n.º 163). Universidade de Jyväskylä.

83. Lyu, Z., Shao, N., Akinyemi, T., & Whitman, W. B. (2018). Metanogénese. Biologia Atual, 28(13), R727-R732.

84. Martin, M. R., Fornero, J. J., Stark, R., Mets, L., & Angenent, L. T. (2013). Um bioprocesso de cultura única de Methanothermobacter thermautotrophicus para atualizar o biogás do digestor por conversão de CO2 em CH4 com H2. Archaea, 2013.

85. Becheur, M., Lounas, A., Messaoudi, O., Oumouna-Benachour, K., & Oumouna, M. (2024). molecular characterization of infectious bursal disease virus isolated from broiler and pullet flocks in algeria. journal of animal and plant sciences-japs, 34(1), 73-89.

86. Max, B., Salgado, J. M., Rodríguez, N., Cortés, S., Converti, A., & Domínguez, J. M. (2010). Produção biotecnológica de ácido cítrico. Revista Brasileira de Microbiologia, 41(4), 862-875.

87. Menzel, C., Olsson, E., Plivelic, T. S., Andersson, R., Johansson, C., Kuktaite, R. & Koch, K. (2013). Estrutura molecular de filmes de amido reticulado com ácido cítrico. Polímeros de hidratos de carbono, 96(1), 270-276.

88. Min, B. E., Hwang, H. G., Lim, H. G., & Jung, G. Y. (2017). Otimização de microrganismos industriais: avanços recentes em reguladores dinâmicos sintéticos. Jornal de Microbiologia Industrial e Biotecnologia, 44(1), 89-98.

89. Naessens, M., Cerdobbel, A. N., Soetaert, W., & Vandamme, E. J. (2005). Leuconostoc dextransucrase e dextrano: produção, propriedades e aplicações. Journal of Chemical Technology & Biotechnology: International Research in Process, Environmental & Clean Technology, 80(8), 845-860.

90. Nampoothiri, K. M., Singhania, R. R., Sabarinath, C., & Pandey, A. (2003). Produção fermentativa de gelana utilizando Sphingomonas paucimobilis. Process Biochemistry, 38(11), 1513-1519.

91. Nangul, A., & Bhatia, R. (2021). Microrganismos: uma fonte maravilhosa de proteínas

unicelulares. Jornal de Microbiologia, Biotecnologia e Ciências Alimentares, 2021, 15-18.

92. Nasseri, A. T., Rasoul-Amini, S., Morowvat, M. H., & Ghasemi, Y. (2011). Proteína unicelular: produção e processo. American Journal of food technology, 6(2), 103-116.

93. Nunez, C., Pena, C., Kloeckner, W., Hernández-Eligio, A., Bogachev, A.V., Moreno, S., Guzmán, J., Büchs, J., Espín, G., 2013. A síntese de alginato em Azotobacter vinelandii é aumentada pela redução da produção intracelular de ubiquinona. Appl. Microbiol. Biotechnol. 97, 2503-2512.

94. Messaoudi, O. Contribution à la Caractérisation des Souches D'Actinomycètes Productrice des Métabolites Antibactériennes Isolée de la Sebkha de Kendasa (Bechar). Tese de Mestrado, Universidade de Tlemcen, Tlemcen, Argélia, 2013.

95. Messaoudi, O., Bendahou, M., Benamar, I., & Abdelwouhid, D. E. (2015). Identificação e caraterização preliminar de antibióticos não polínicos secretados por nova cepa de actinomiceto isolada de sebkha de Kenadsa, Argélia. *Jornal do Pacífico Asiático de Biomedicina Tropical*, *5*(6), 438- 445.

96. Oosterhuis, N.M.G. Hudson, T. D'Avino, A. Zijlstra, G.M. Amanullah, A (2011). Disposable Bioreactors, Editor(s): Murray Moo-Young, Comprehensive Biotechnology (Second Edition), Académico. 249-261.

97. Page, M. G. (2012). Antibióticos beta-lactâmicos. Em Antibiotic Discovery and Development (Descoberta e desenvolvimento de antibióticos) (pp. 79-117). Springer, Boston, MA.

98. Palaniraj, A., & Jayaraman, V. (2011). Produção, recuperação e aplicações de goma xantana por Xanthomonas campestris. Journal of Food Engineering, 106(1), 1-12.

99. Messaoudi, O., Gouzi, H., El-Hoshoudy, A. N., Benaceur, F., Patel, C., Goswami, D & Bendahou, M. (2021). Antocianinas de bagas como potenciais inibidores de SARS-CoV-2 visando a ligação e replicação viral; simulação de ancoragem molecular. *Egyptian Journal of Petroleum*, *30*(1), 33-43.

100. Papagianni, M. (2007). Avanços na fermentação de ácido cítrico por Aspergillus niger: aspectos bioquímicos, transporte de membrana e modelação. Biotechnology advances, 25(3), 244-263.

101. Papagianni, M., Wayman, F., & Mattey, M. (2005). Destino e papel dos iões de amónio durante a fermentação de ácido cítrico por Aspergillus niger. Applied and environmental microbiology, 71(11), 7178-7186.

102. Parmar, A., Kumar, H., Marwaha, S. S., & Kennedy, J. F. (2000). Avanços na transformação enzimática de penicilinas em ácido 6-aminopenicilânico (6-APA). Biotechnology advances, 18(4), 289-301.

103. Paul, P. E. V., Sangeetha, V., & Deepika, R. G. (2019). Tendências emergentes na

produção industrial de produtos químicos por microorganismos. Em Desenvolvimentos recentes em microbiologia aplicada e bioquímica (pp. 107-125). Imprensa académica.

104. Pelton, R. (2002). A review of antifoam mechanisms in fermentation (Uma revisão dos mecanismos anti-espuma na fermentação). Journal of industrial microbiology and biotechnology, 29(4), 149-154.

105. Pescuma, M., de Valdez, G. F., & Mozzi, F. (2015). Produtos valiosos derivados do soro de leite obtidos por fermentação microbiana. Microbiologia aplicada e biotecnologia, 99(15), 6183-6196.

106. Piao, Y., Yamashita, M., Kawaraichi, N., Asegawa, R., Ono, H., & Murooka, Y. (2004). Produção de vitamina B12 em Propionibacterium freudenreichii geneticamente modificada. Journal of bioscience and bioengineering, 98(3), 167-173.

107. Piwowarek, K., Lipińska, E., Hać-Szymańczuk, E., Kieliszek, M., & Ścibisz, I. (2018). Propionibacterium spp. - fonte de ácido propiônico, vitamina B12 e outros metabólitos importantes para a indústria. Microbiologia aplicada e biotecnologia, 102(2), 515-538.

108. Porter, N. T., & Martens, E. C. (2017). Os papéis críticos dos polissacarídeos na ecologia e fisiologia microbiana intestinal. Revisão anual de microbiologia, 71, 349-369.

109. Purama, R. K., Goswami, P., Khan, A. T., & Goyal, A. (2009). Análise estrutural e propriedades do dextrano produzido por Leuconostoc mesenteroides NRRL B-640. Carbohydrate Polymers, 76(1), 30-35.

110. Ramakrishnan, C. V., Steel, R., & Lentz, C. P. (1955). Mecanismo de formação e acumulação de ácido cítrico em Aspergillus niger. Archives of biochemistry and biophysics, 55(1), 270-273.

111. Ravindra, P. (2000). Alimentos de valor acrescentado:: Proteínas unicelulares. Biotechnology advances, 18(6), 459-479.

112. Reihani, S. F. S., & Khosravi-Darani, K. (2019). Fatores de influência na produção de proteínas unicelulares por fermentação submersa: uma revisão. Revista Eletrônica de Biotecnologia, 37, 34-40.

113. Ritala, A., Häkkinen, S. T., Toivari, M., & Wiebe, M. G. (2017). Proteína de célula única - estado da arte, paisagem industrial e patentes 2001-2016. Fronteiras em microbiologia, 8, 2009.

114. Robyt, J. F., Yoon, S. H., & Mukerjea, R. (2008). Dextransucrase e o mecanismo para a biossíntese de dextrano. Carbohydrate research, 343(18), 3039-3048.

115. Messaoudi, O., Steinmann, E., Praditya, D., Bendahou, M., & Wink, J. (2022). Caracterização taxonómica, atividade antiviral e indução de três novas Kenalactams em Nocardiopsis sp. CG3. Current Microbiology, 79(9), 284.

116. Rosalam, S., & England, R. (2006). Review of xanthan gum production from

unmodified starches by Xanthomonas comprestris sp. Enzyme and Microbial Technology, 39(2), 197-207.

117. Sagagi, B., Garba, B., & Usman, N. (2009). Estudos sobre a produção de biogás a partir de resíduos de frutas e legumes. Bayero Journal of Pure and Applied Sciences, 2(1), 115-118.

118. Salam, N., Jiao, J. Y., Zhang, X. T., & Li, W. J. (2020). Atualização sobre a classificação de classificações superiores no filo Actinobacteria. Revista internacional de microbiologia sistemática e evolutiva, 70(2), 1331-1355.

119. Salehizadeh, H., Yan, N., & Farnood, R. (2018). Avanços recentes em floculantes de base biológica de polissacarídeos. Avanços da biotecnologia, 36(1), 92-119.

120. Sarkar, D., & Modak, J. M. (2003). Otimização de bioreactores em regime de batelada alimentada utilizando algoritmos genéticos. Chemical Engineering Science, 58(11), 2283-2296.

121. Schink, B (1997). Energética da cooperação sintrófica na degradação metanogénica. Microb Mol Biol Rev 61:262-280.

122. Schultz, C., Niebisch, A., Gebel, L., & Bott, M. (2007). Produção de glutamato por Corynebacterium glutamicum: dependência da proteína inibidora da oxoglutarato desidrogenase OdhI e da proteína quinase PknG. Applied microbiology and biotechnology, 76(3), 691-700.

123. Shao, W., Ma, K., Le, Y., Wang, H., & Sha, C. (2017). Desenvolvimento e uso de um novo método de mutagénese aleatória: PCR propenso a erros in situ (is-epPCR). In In Vitro Mutagenesis (pp. 497-506). Humana Press, Nova Iorque, NY.

124. Messaoudi, O., Sudarman, E., Bendahou, M., Jansen, R., Stadler, M., & Wink, J. (2019). Kenalactams A-E, macrolactamas de polieno isoladas de Nocardiopsis CG3. Jornal de Produtos Naturais, 82(5), 1081-1088.

125. Show, P. L., Oladele, K. O., Siew, Q. Y., Aziz Zakry, F. A., Lan, J. C. W., & Ling, T. C. (2015). Visão geral da produção de ácido cítrico de Aspergillus niger. Fronteiras em ciências da vida, 8(3), 271-283.

126. Silva, M.F., Fornari, R.C.G., Mazutti, M.A., Oliveira, D., Padilha, F.F., Cichoski, A.J., Cansian, R.L., Luccio, M.D., Treichel, H., 2009. Produção e caraterização de goma xantana por Xanthomonas campestris utilizando soro de queijo como única fonte de carbono. Journal of Food Engineering 90, 119-123.

127. Singh, R. S., Saini, G. K., & Kennedy, J. F. (2008). Pullulan: fontes microbianas, produção e aplicações. Carbohydrate polymers, 73(4), 515-531.

128. Sonenshein, A. L. (2001). O ciclo do ácido cítrico de Krebs. Bacillus subtilis and its Closest Relatives: from Genes to Cells, 151-162.

129. Steiger, M. G., Rassinger, A., Mattanovich, D., & Sauer, M. (2019). A engenharia da

proteína exportadora de citrato permite alta produção de ácido cítrico em Aspergillus niger. Engenharia metabólica, 52, 224-231.

130. Suarez, C., & Gudiol, F. (2009). Antibióticos beta-lactâmicos. Enfermedades infecciosas y microbiologia clinica, 27(2), 116-129.

131. Sworn, G. (2021). Goma xantana. Em Handbook of hydrocolloids (pp. 833-853). Woodhead Publishing.

132. Szczodrak, J. (1981). Biossíntese de ácido cítrico em relação à atividade de enzimas selecionadas do ciclo de Krebs no micélio de Aspergillus niger. Revista Europeia de Microbiologia Aplicada e Biotecnologia, 13(2), 107-112.

133. Tatsumi, N., & Inui, M. (Eds.). (2012). Corynebacterium glutamicum: biologia e biotecnologia (Vol. 23). Springer Science & Business Media.

134. Tian, G., Zhang, W., Dong, M., Yang, B., Zhu, R., Yin, F., ... & Cui, X. (2017). Análise da via metabólica com base no sequenciamento de alto rendimento em um processo de produção de biogás em lote. Energia, 139, 571-579.

135. Tiwari, S., Jamal, S. B., de Carvalho, P. V. S. D., Hassan, S. S., Silva, A., & Azevedo, V. Industrial Microbiology & Biotechnology.

136. Vandenberghe, L. P., Soccol, C. R., Pandey, A., & Lebeault, J. M. (1999). Produção microbiana de ácido cítrico. Arquivos Brasileiros de Biologia e Tecnologia, 42(3), 263-276.

137. Waites, M. J., Morgan, N. L., Rockey, J. S., & Higton, G. (2009). Microbiologia industrial: uma introdução. John Wiley & Sons.

138. Walker, G. M. (2014). Fermentação (Industrial): meios para fermentações industriais. Em Encyclopedia of food microbiology (pp. 769-777). Imprensa académica.

139. Wilson, D. B., Sahm, H., Stahmann, K. P., & Koffas, M. (Eds.). (2019). Industrial Microbiology. John Wiley & Sons.

140. Xu, H., Jiang, M., Li, H., Lu, D., & Ouyang, P. (2005). Produção eficiente de poli (ácido y-glutâmico) por Bacillus subtilis NX-2 recentemente isolado. Process Biochemistry, 40(2), 519-523.

141. Yalcin, S. K., Bozdemir, M. T., & Ozbas, Z. Y. (2010). Produção de ácido cítrico por leveduras: condições de fermentação, otimização de processos e melhoramento de estirpes. Current research, technology and education topics in applied microbiology and microbial biotechnology, 9, 1374- 1382.

142. Yamauchi, R., Maguin, E., Horiuchi, H., Hosokawa, M., & Sasaki, Y. (2019). O papel crítico da urease na fermentação do iogurte com várias combinações de Streptococcus thermophilus e Lactobacillus delbrueckii ssp. bulgaricus. Journal of dairy science, 102(2), 1033-1043.

143. Yang, H., Swartz, A. M., Park, H. J., Srivastava, P., Ellis-Guardiola, K., Upp, D. M & Lewis,
J. C. (2018). Evolução de metaloenzimas artificiais por meio de mutagénese aleatória. Química da natureza, 10(3), 318.

144. Yang, M. J., Lee, H. W., & Kim, H. (2017). Aumento da termoestabilidade da endoglucanase de Bacillus subtilis por PCR propenso a erros e embaralhamento de DNA. Química Biológica Aplicada, 60(1), 73-78.

145. Ye, B., Li, Y., Tao, Q., Yao, X., Cheng, M., & Yan, X. (2020). Mutagénese aleatória por inserção de produtos de PCR propensos a erros no cromossoma de Bacillus subtilis. Fronteiras em Microbiologia, 11.

145. Yongsmith, B., Sonomoto, K., Tanaka, A., & Fukui, S. (1982). Produção de vitamina B 12 por células imobilizadas de uma bactéria do ácido propiónico. European journal of applied microbiology and biotechnology, 16(2), 70-74.

146. Zähner, H., Anke, H., & Anke, T. (2020). Evolução e vias secundárias. Em Metabolismo secundário e diferenciação em fungos (pp. 153-171). CRC Press.

147. Zhang, B., Jiang, Y., Li, Z., Wang, F., & Wu, X. Y. (2020). Progresso recente na produção de produtos químicos a partir de matérias-primas renováveis não alimentares usando Corynebacterium glutamicum. Fronteiras em Bioengenharia e Biotecnologia, 8.

148. Zhang, W., & Nielsen, D. (2014). Aplicações de biologia sintética em microbiologia industrial. Fronteiras em microbiologia, 5, 451.

149. Zhou, S., Du, G., Kang, Z., Li, J., Chen, J., Li, H., & Zhou, J. (2017). A aplicação de promotores poderosos para aumentar a expressão gênica em microorganismos industriais. Revista Mundial de Microbiologia e Biotecnologia, 33(2), 23.

150. Zhou, S., Shanmugam, K. T., Yomano, L. P., Grabar, T. B., & Ingram, L. O. (2006). Fermentação de 12% (p/v) de glucose a 1,2 M de lactato por Escherichia coli estirpe SZ194 utilizando meio de sais minerais. Biotechnology letters, 28(9), 663-670.

Printed by Books on Demand GmbH, Norderstedt / Germany